DIE HOFFNUNG UND DER WOLF

Frei lebende Wölfe auf einem Waldweg in Deutschland, fotografiert von Heiko Anders. – Vorhergehende Seite: Der Wolf im Wisentgehege Springe schaut interessiert. Aufgenommen von Thomas Henning

ANDREAS HOPPE

DIE HOFFNUNG UND DER WOLF

Wollen wir mit unseren neuen Nachbarn leben?

FREDERKING & THALER

INHALT

»Ein Meer von Wald« im Jahre 2000 in den kanadischen Northwest Territories. Die Aufnahme von Michael Duftschmid entstand an einem Novembertag während der Suche nach frei lebenden Waldbisons für einen Dokumentarfilm – bei minus 35 Grad Celsius

Ein Rudel Wölfe im Spiel vertieft. Aufgenommen von Thomas Henning im Wisentgehege Springe. Thomas Henning ist der Leiter des Tierparks und Tierfotograf.

DIE WIDMUNG

Für Dich!
Natur im
Einklang

GEWIDMET MEINER BESTEN FREUNDIN

Dieses Buch widme ich Dir! Danke für unsere langjährige Freundschaft, dass wir uns jetzt schon so viele Jahre begleiten und mit Rat und Tat, Zuneigung und Respekt zur Seite stehen. Uns war keine Vision zu groß, und keine Auseinandersetzung konnte uns schrecken bzw. abschrecken. Wir sind immer hindurch, durch das Zentrum des Sturms.

Egal was es gekostet hat, eine Ungerechtigkeit, ein Zweifel, ein Fehler, wenn ein Lebewesen Hilfe oder Unterstützung braucht, egal ob Mensch oder Tier. Wir haben gestritten und miteinander gerungen in den Zeiten unserer Beziehung, aber wir haben nie den Respekt und unsere tiefe Zuneigung zueinander verloren.

Deine Empathie und Liebe zur Natur und den Tieren ist einzigartig. Ich habe erlebt, wie Du in kürzester Zeit Kontakt zu Tieren aufnehmen kannst. Mal war es ein Rabe, der anfing sich mit Dir zu »unterhalten«, oder dieser kleine wunderbare Vogel, den es nur in Kanada gibt und den wir auf unserer ersten Reise erleben durften. Dieser kleine Vogel, der uns während der ganzen Reise durch Kanada begleitete und sich immer anhörte, als ob ein kleiner Junge, hinter einem Baum versteckt, seine ersten Pfeifversuche unternimmt. An dem ich heute noch erkenne, ob ein Film in den USA oder in Kanada gedreht wurde, weil er im Hintergrund zu hören ist. Irgendwann standest Du vor einem Baum, mit Blick in die Krone, dort, bei der kleinen Blockhütte in dem nördlichsten Nationalpark in Quebec, und hast seinen Gesang versucht zu imitieren. Es dauerte nicht lange und Ihr wart in ein zwar stockendes, aber doch eben in eine Art des »Gesprächs« vertieft.

Für ein Ökosystem sind alle Tiere notwendig. Ob klein, ob groß, eins baut auf das andere auf. Das wird uns beim aktuellen Insektensterben schmerzlich bewusst. Gesehen von Christian Emmerich.

Unzählige Bilder tauchen aus den Tiefen meiner Erinnerung auf. An unsere Zeit in Kanada, als die Elchkuh im Sonnenuntergang mit ihrem Kalb den Fluss passierte auf unserem Heimweg mit dem Kanu und wir endlich wieder wussten, wo es langgeht – Karte verloren im Sturm unserer ersten Kanutour, und den Rückweg nicht mehr findend, in der Wildnis des Réserve faunique La Vérendrye.

Aber nicht, dass es uns geschreckt hätte! Klar hatten wir zwischenzeitlich Sorge, denn wir waren da draußen auf uns alleine gestellt. Der Wind ließ uns manchmal kaum vorwärtskommen, geschweige denn über die riesigen kanadischen Seen kreuzen. Aber schließlich fanden wir den Weg mithilfe dieses liebevollen, hilfsbereiten und unerschrockenen älteren Ehepaars, das uns dann mit selbst gebackenen frischen Blaubeermuffins versorgte und uns *in the middle of nowhere* den Heimweg erklärte, freundlich und gelassen.

Wir fanden zurück, erschöpft, aber glücklich, und selten haben wir nach unserer Rückkehr in die »Zivilisation« so gut gegessen wie in dieser letzten Fernfahrerkneipe am Trans-Canada Highway.

Am nächsten Tag war unsere Begeisterung gemeinsam mit uns wiedererwacht und unsere Neugier ungebrochen. Einen Kaffee, und auf los geht's los!

Keine meiner folgenden Kanadareisen waren je ohne Dich. Ich hab mir immer vorgestellt, wie Du begeistert und erfreut mit mir die Erlebnisse, Sehenswürdigkeiten und Abenteuer teilen würdest.

Zum Beispiel meine Tage mit Randy, dem *chief* der Mocreebec, oben an der James Bay, der mich eingeladen hatte, ein paar Tage in der Ecolodge seines Stammes zu wohnen und mir stolz die Ausstattung seines Hotels mit deutscher Umwelttechnik präsentierte. Dort habe ich das erste Mal warmen Apfeltee mit Cranberries getrunken, in diesem ökologischen Vollblockhaushotel direkt am Moose River, am Eingang zur James Bay.

Und erinnerst Du Dich, als wir die verrückte Idee hatten, einen Dokumentarfilm über die letzten frei lebenden, reinrassigen und infektionsfreien Waldbisons bei den Cree-Indianern zu drehen? Wie Du mit Deiner unglaublichen Kraft für dieses Projekt gearbeitet hast, unermüdlich, weil Du begeistert warst, das war einzigartig.

Als wir dann mit dem Haus auf dem Land angefangen haben, in Vorpommern, mit all den zu treffenden Entscheidungen. Dazu Dein Studium, das Du gerade begonnen hattest, alles lief parallel und natürlich nicht immer ohne Schwierigkeiten. Dennoch haben wir das alles »gewuppt«. Es war trotz aller Anstrengung immer ein Ort der Freude, der Hoffnung und der Sehnsucht. Wie alles wuchs! Und auch verlogene Architekten konnten uns nicht kleinkriegen. Wir mussten Freunde aufgeben, aber es kamen auch neue dazu. Dabei ging es im Wesentlichen um Freiheit, Hoffnung und Geborgenheit, die Suche nach einer Heimat und die Suche nach einem Leben mit Entwicklung und Harmonie.

Als wir dann die Ponys übernommen und uns unsere lieben Nachbarn dabei unterstützt haben, da hast Du mich wieder erstaunt, mit Deinem Verständnis für Pferde, Deinem Wissen und Deiner Liebe im Umgang mit Tieren und Deiner Kraft, Deinem enormen Einsatz. Du hast mir gezeigt, wie man Tieren erneut Vertrauen schenkt, oder besser wie man es schafft, dass traumatisierte Lebewesen uns wieder Vertrauen schenken. Hast mich nachhaltig begeistert, eine einmalige Erfahrung, danke dafür, ein Geschenk, das mein Leben und meine Beziehung zu Tieren und unserer Umwelt verändert hat.

Und es war immer Platz für Feste und Freunde. Dabei haben wir den Garten und das Grundstück gepflegt und aufgebaut, was ohne Deine Unterstützung nicht möglich gewesen und niemals so schön geworden wäre. Am Anfang haben wir beide das vermüllte und verwucherte Grundstück mit Sichel und Sense bearbeitet. Vorsichtig, um nichts zu übersehen und möglichst wenigen »Mitbewohnern« dort ihren Lebensraum zu nehmen und um sie nicht zu verletzen. Es war uns wichtig, einen Ort zu schaffen, den wir mit anderen Lebewesen teilen konnten.

All Dein fachliches Wissen aus dem Studium hat sehr dabei geholfen, unsere ökologische Insel zwischen den Agrarbrachen zu erschaffen.

Wir freuten uns über Erdkröten und Schlangen, Fledermäuse, Singvögel und die Kraniche, die mit ihrem legendären Ruf die Jahreszeiten einleiteten, wenn sie sich auf dem Feld neben dem Grundstück sammelten und oben am Himmel zu Hunderten ihre Flugübungen für die lange Reise in den Süden absolvierten. Durch das veränderte Klima bleiben einige Vögel mittlerweile hier und überwintern vor Ort.

Als ich Dich kurz vor Ende Deines Praktikums in Białowieża, einem Dorf im Powiat Hajnowski, der Woiwodschaft Podlachien in Polen, besucht habe, was war das für ein Erlebnis! Ich bin durch ganz Polen mit der Bahn gefahren, von West nach Ost, und Du hast mir vorher alle Bahnhöfe und Umsteigestationen aufgeschrieben, damit ich mich nicht verfahre. Und wie wir uns über unser Wiedersehen gefreut haben, im leichten Schneetreiben.

Ein Abenteuer, ein Dorf kurz vor der weißrussischen Grenze, wo die alten Jagdreviere der russischen Zaren liegen. Der Białowieża-Urwald ist eines der letzten verbliebenen Urwaldgebiete Europas. Ein halbes Jahr warst Du dort und hast von Deiner Arbeit am Institut, dem Land und den Leuten geschwärmt. Dörfer, die aussahen wie in den alten russischen Märchenfilmen, und eine legendäre Natur und Landschaft. Wie aus der Zeit gefallen wanderten wir an der Narewka entlang, in den Wäldern, in denen Du täglich Deine Touren mit GIS-Gerät und Fernglas gemacht und Daten für das Fischotter- und Bibermonitoring gesammelt hast. Stundenlang habe ich Dich begleitet, und wir sahen Wisente, Elche, Rotwild und Wildschweine. Losungen und Spuren von Wölfen und Luchsen haben uns auf den Touren begleitet. Einmal haben wir abends ein Rudel Wölfe heulen gehört. Wir saßen auf dem Balkon unserer Unterkunft, und das ganze Dorf schien kurz eingetaucht in ihren Gesang.

An einen weiteren wunderschönen Abend erinnere ich mit großer Freude, und es war ein Geschenk, ihn mit Dir zu teilen. Wir saßen in einer sehr rustikalen und gemütlichen Kneipe mit all Deinen Kollegen vom Institut. Wir saßen beim Bier mit Menschen aus Tschechien, Polen, Deutschland, Frankreich, Portugal, Spanien, England und Irland, ein europäisches Treffen und ein sehr lebendiger und unvergesslicher Abend mit tollen Gesprächen, eine echte »europäische Gemeinschaft«. Wir waren sehr glücklich, weil wir immer die Liebe für Geselligkeit, andere Kulturen, Länder und Menschen teilen und genießen konnten.

Wie Du für Dein Studium gearbeitet hast, Tag und Nacht, weil Du überzeugt und begeistert warst, weil Du wusstest warum und wofür.

Ich war so stolz, wie Du all die Albtraumfächer wie Biochemie, Mathe oder Betriebswirtschaft mit Bravour bewältigt und später einen grandiosen Abschluss gemacht hast. Mit enormem Arbeitseinsatz und Engagement hast Du Dich immer weiter entwickelt und bist zu einer echten Spezialistin Deines Fachs geworden.

Liebe Freundin! Ich hoffe sehr, dass wir uns bald wiedersehen, und ich gelobe, dass ich Dich zum Lachen bringen werde, wenn Du wieder einmal das Gefühl hast, gegen Windmühlen anzukämpfen, meine »Kriegerin des Lichts«!

Möge Dein Licht strahlen und mögen wir endlich unsere tollen Reisen machen.

Qwatslama Andreas

Danke an dieser Stelle allen, die sich trotz aller Schwierigkeiten und immer wiederkehrender Rückschläge für den Natur- und Artenschutz einsetzen und ihre Kraft, ihr Wissen und ihren Enthusiasmus unermüdlich für eine bessere Welt einsetzen!

Ein legendärer Sonnenuntergang in Alberta, Kanada.
Aufgenommen von Michael Duftschmid am Rande
der Dreharbeiten für den besagten Dokumentarfilm 2000.

Ein aufmerksamer Wolf im Winter,
aufgenommen von Thomas Henning
im Wisentgehege Springe.

EINLEITUNG

Klein
ist groß
und groß
auch klein.
Alles ist wichtig

SEHR GEEHRTES PUBLIKUM, LIEBE LESERINNEN UND LESER!

Willkommen zu einer weiteren »Show« zum Thema »die zurückkehrenden Wölfe in unserer Heimat«.

Dieses Buch ist aus meinem tiefen Bedürfnis entstanden, Ihre Aufmerksamkeit auf das polarisierende Thema »Wölfe in Deutschland« zu richten. Kurz vor der im Herbst 2019 vorgesehenen Änderung des bundesdeutschen Naturschutzgesetzes – die sich unmittelbar auch auf unsere heimischen Wölfe auswirken wird – möchte ich den komplexen Zusammenhängen zur Rückkehr dieser Tiere (und unserem Umgang mit ihnen) den Raum geben, den sie brauchen. Wölfe polarisieren. Aber so einfach, wie man es sich oftmals macht, ist das Thema nicht.

Es geht um eines unserer archaischsten, wenn nicht gar um das archaischste Tier unseres Landes. Das, wie ich glaube, stellvertretend steht für unseren Umgang mit der Natur, unserer Erde und der erweiterten und vom Menschen weitgehend unbeeinflussten Natur, der Wildnis. Als Wildnis begreife ich Natur, die einen erweiterten Freiraum innehat, die für sich selbst autonom und gleichberechtigt steht, auf Augenhöhe zur vom Menschen gestalteten Kulturlandschaft und seiner Einteilung der Lebewesen und Pflanzen in »nützlich« oder »unnütz«. So ist es seit Jahrhunderten, und daraus erwachsen ist das sechste große Artensterben – aber diesmal von Menschenhand verursacht: Keine Eiszeit, kein Vulkanausbruch, kein Meteoriteneinschlag sind die Auslöser, sondern unser unachtsamer und respektloser Umgang mit den natürlichen Ressourcen. Für mich war deshalb das Unter-Schutz-Stellen des Wolfes im Rahmen der Wiedervereinigung ein Versprechen und eine Vision, eine Chance und eine Hoffnung – auf einen verantwortungsvollen

Ein Hase in der Oranienbaumer Heide in Sachsen-Anhalt lässt sich nicht stören. Aufgenommen von Christian Emmerich.

Ein frei lebender Wolf in Deutschland zieht seines Weges. Den gut versteckten und getarnten Fotografen Heiko Anders hat er nicht bemerkt.

Umgang mit einer erweiterten, autonomen Natur in unserer Heimat. Eine Entwicklung hin zu einer Balance der Natur und ihrer Kräfte, getragen von Respekt und Hoffnung. Deshalb lautet auch der Titel dieses Buches »Die Hoffnung und der Wolf«.

Eine Hoffnung auf eine Natur im Gleichgewicht. Dafür steht für mich der Wolf, ein Tier, das seit Jahrhunderten gehasst, gejagt, verachtet und gequält wurde wie kein anderes Lebewesen in unserer angeblich so zivilisierten Welt. Für mich ist es die Hoffnung auf eine Abkehr vom Benutzen und Auswählen, vom Missachten hin zum Respektieren, zum Entdecken und Erkennen der natürlichen Gegebenheiten, ihrer Möglichkeiten und Vorteile und dem tieferen Sinn. Heute, im Oktober 2019, sieht es so aus, als ob der Schutz der Wölfe nun mittels einer Änderung des deutschen Naturschutzgesetzes aufgeweicht werden soll. Wir stehen am Scheideweg: Es droht eine Entscheidung aus Unwissenheit und Angst hin zum Eliminieren, statt zum Suchen nach einer hoffnungsvollen und langfristigen Lösung.

Was hatte man sich denn vorgestellt, oder hatte man die Rückkehr der Wölfe gar nicht ernst genommen? Dass sie gerade für Weidetierhalter eine Herausforderung sein würde, musste doch bei der Entscheidung, den Wolf unter Schutz zu stellen, jedem klar gewesen sein. Die europäischen Länder, aus denen der Wolf nie verschwunden war, machen es uns doch vor, wie es funktionieren kann.

Wie bei so vielen politischen Entscheidungen unserer Zeit bekommt man den Eindruck, dass etwas beschlossen werden soll, was aber nicht zu Ende gedacht ist. Legislaturperioden sind leider offenbar zu kurz, um nachhaltig zu sein. Hauptsache, man redet und hat eine Meinung, ohne entsprechendes Fachwissen, ohne persönliche Beziehung, ohne Engagement, nur um des Redens willen, ohne Bezug zu Fakten und Zusammenhängen.

Ich denke, es wäre vor einer Entscheidung wichtig und nötig gewesen, sich um einen wissenschaftlich fundierten Konsens hier in Deutschland zu bemühen und die Menschen im Vorfeld auf die Konsequenzen dieser Entscheidung vorzubereiten. Nach fast 200 Jahren, die letzten 20 Jahre abgerechnet, ohne große Beutegreifer in unserer Natur, bedarf es eines Lernprozesses und neben dem Schutz der Herden der Bereitschaft, sich mit den neuen Nachbarn auseinanderzusetzen. Sind diese Bereitschaft und dieser Konsens nicht vorhanden, wird das Projekt der Rückkehr scheitern und sich für mich damit auch eine weitere Hoffnung auf eine positive Entwicklung meiner Heimat zerschlagen.

Für mich ist nach wie vor eine im Gleichgewicht befindliche, artenreiche Natur mit Wildnisgebieten auch in unserem Land eine aufregende und eindrucksvolle Hoffnung und Vision. Ich dachte eigentlich, dass die Vorstellung einer ständig vom Menschen begrenzten Natur heute durch die gar nicht mehr so junge Wissenschaft der Ökologie überholt sei. Leider zeigen viele Reaktionen auf die Rückkehr der Karnivoren, dass das wohl nur ein Traum war.

Verstehen Sie mich nicht falsch, ich schätze alle Tiere, ob groß oder klein, sanft oder wild, stark oder schwach. Dabei sind manchmal die kleinsten die stärksten und vollbringen wahre Heldentaten, und ohne die vollständige Kombination von allen ist der Einzelne nichts. Und wenn immer mehr Bausteine fehlen, kann das ökologische System nicht funktionieren. Tatsächlich fehlen immer mehr Bausteine, und das System wird unter diesen Bedingungen so nicht überleben. Vor allem die Kleinen, die Unsichtbaren, die Stillen und Versteckten laufen wie so häufig Gefahr, ungesehen und unbemerkt für immer von dieser Erde zu verschwinden. Leider! Wie im sonstigen Leben.

Und dann ist da der Wolf. Stark, schlau, teilweise unsichtbar, und doch nicht zu übersehen. Was für ein starkes Symbol, wenn wir bereit wären, ihm Platz zu geben und unserer Verantwortung gerecht zu werden, dem Herden- und Nutztierschutz, wie er von Fachleuten empfohlen wird, zu entsprechen.

Ich liebe Lebewesen in jeder Form und Größe, auch Schafe, Ziegen, Kühe und Pferde, um nur ein paar Herden- und Weidetiere zu nennen. Selbstverständlich geht es nicht darum, einige dieser Tiere dem Wolf zu opfern! Sie sollen und müssen geschützt werden, und die Weidetierhalter müssen bei dieser Herausforderung unterstützt werden, was auch bereits geschieht. Wölfe dürfen erst gar nicht lernen, wie einfach Weidetiere zu erbeuten sind. Auch dazu brauchen wir den Herdenschutz, um sie gar nicht erst auf den Geschmack zu bringen! Das Ganze ist aufwendig – aber unbedingt notwendig, und es funktioniert. Man muss sich halt darauf einlassen, auch wenn es mühsam ist und Veränderungen mit sich bringt.

Der Wolf soll seine natürlichen Beutetiere jagen, denn davon gibt es bei uns zu viele, und der Schaden, den sie anrichten, ist enorm. Wie Renée Askins 2002 in »Der Ruf der Wolfsfrau« schrieb:

»DER RUF DER WOLFSFRAU«

von René Askins, 2002

Wir brauchen ein anderes, ein vernünftigeres und vielleicht mystischeres Verständnis für Tiere. Der Natur entfremdet und abhängig von hoch entwickelter Technologie, betrachten wir Tiere durch das Brennglas unserer Wissenschaft, sehen eine Feder stark vergrößert und das Bild verzerrt. Wir bedauern sie wegen ihrer Unvollkommenheit, wegen ihres tragischen Schicksals, uns, der Krone der Schöpfung, weit unterlegen zu sein. Doch darin irren wir, irren wir sehr. Tiere lassen sich nicht am Maßstab der Menschen messen. Sie bewegen sich perfekt in einer Welt, die älter und ausgereifter ist als unsere, erbringen Sinnesleistungen, die wir verloren oder nie entwickelt haben, und dürfen auf Stimmen vertrauen, die wir nie hören werden. Sie sind uns weder Geschwister noch Diener, sie gehören anderen Völkern an, sind mit uns jedoch verstrickt im Netz aus Sein und Zeit, sind Mitgefangene auf dieser prächtigen und leidvollen Erde.

In diesem Buch möchte ich noch einmal den Weg verfolgen, auf dem ich zu meinem Verständnis für Natur gefunden habe, zu meiner Sichtweise, die ich aber auch mit anderen teile. Mich faszinieren diese schlauen, geschmeidigen, anpassungsfähigen, sozial orientierten Tiere, seit ich von ihrer Existenz weiß – und vor allem hat es mich gefreut, dass sie an vielen Plätzen dieser Welt noch immer vorhanden sind, dass sie überlebt haben. Ich träume von all den archaischen Geschichten, die sie erzählen könnten, und von der alten Allianz zwischen Mensch und Wolf, zwei Lebewesen, die sich so ähnlich sind. Einer Allianz, die erst durch den erweiterten Expansionsanspruch des Menschen zerbrach und zu Entfremdung und später sogar zu Hass führte. Dabei möchte ich gerne viele von denen erwähnen und zu Wort kommen lassen, die mir Informationen und Nahrung für meine Sehnsucht und Hoffnung geschenkt haben.

Wenn es nach mir gegangen wäre, wäre ich in das World Wolf Center in Ely im US-Bundesstaat Minnesota gereist und hätte mich dort mit dem Gründer des Zentrums, David Mech, getroffen. Der Verhaltensbiologe hat das Verhalten frei lebender Wölfe erforscht und wichtige Erkenntnisse darüber gesammelt. Hätte mich mit ihm über sein Buch »Der weiße Wolf« unterhalten, unter anderem über die Erfahrungen mit den Wölfen auf Ellesmere Island. Darüber gibt es meines Wissens nach auch einen Dokumentarfilm. Aber da die Zeit wegen der Gesetzesänderung drängte, habe ich diese Wünsche hintangestellt und mich mit Experten und Betroffenen getroffen, die dem Wolf hier bei uns begegnen und das nun auch schon seit fast zwanzig Jahren.

Für den Dokumentarfilm »Schüsse in der Wolfsheide« hatte ich 2016 die große Freude, Christoph Promberger kennenzulernen. An den drei Tagen, die wir in Rumänien drehten, fuhr ich viele Stunden mit Christoph im Auto, und wir sprachen den ganzen Tag über den Yukon, kalte Winter in Kanada und seine interessanten Reisen und Forschungsergebnisse zu frei lebenden Wölfen. Was für ein tolles Treffen, denn einer der ersten Dokumentarfilme, die ich je gesehen habe, war von ihm. Auch die Filme des italienischen Wissenschaftlers Luigi Boitani, der zum Thema Ökologie und Lebensweise frei lebender Wölfe forscht und Managementpläne zum Schutz von Wölfen erstellt hat, dürfen an dieser Stelle nicht unerwähnt bleiben.

Meine Idee zu diesem Buch beruht also auf meinem Bedürfnis, mehr über den notwendigen Herdenschutz zu sprechen und dafür einzutreten, dass Weidetierhalter dabei unterstützt werden. Die Bereitschaft zur Umsetzung vor Ort muss allerdings von jedem Einzelnen kommen. Wenn dieser Wille da ist, dann sehe ich eigentlich in der »Rückkehr der Wölfe« noch immer eine Chance. Ich hoffe, Ihnen mit diesem Buch Denkanstöße geben zu können – und Fakten aus erster Hand, von Menschen, die wirklich mit Wölfen zu tun haben. Ich fände es falsch, wenn der Schutzstatus der Wölfe in Deutschland tatsächlich zurückgestuft und der Abschuss der Tiere nicht nur erleichtert, sondern im Rahmen einer Bejagung sogar zum Normalfall würden. Der Wolf fordert unseren Einsatz für die Natur, und es wäre schön, wenn ich mit diesen Zeilen meinen Beitrag dazu leisten könnte.

Ihr Andreas Hoppe

Ausblick auf den Pazifik in British Columbia. Während einer Recherchereise zum Thema »Gefahren des Ölsandabbaus und der möglichen Bedrohung für die Natur« aufgenommen von Konstantin Muffert.

DIE ENTDECKUNG

Wunderschön
und doch gefährlich
der große
Athabasca Lake

ALS DIE AUTOTÜR ZUKLAPPTE …

… und sich das Auto in Bewegung setzte, wurde es mir schlagartig klar: Jetzt wird es ernst, wir müssen diese kanadische Wildnis nach vier im wahrsten Wortsinn wunderbaren Wochen wieder verlassen. Das Kanu war auf dem Dach vertäut, wir waren erschöpft, aber glücklich. Die Bilder der vergangenen Tage sollten mir für lange Zeit nicht mehr aus dem Kopf gehen. Ich war erfüllt von kindlicher Freude und Abenteuerlust, auch wenn jetzt eine Pause nötig war. Diese monumentale Kraft der Natur, ihre Freiheit, ihre Ursprünglichkeit hatten mich, das wusste ich, ein für alle Mal verändert. Ein zurück in den Andreas »davor« gab es nicht.

Ich hatte erlebt, im Moment, ohne Gestern, ohne Morgen, einfach im Jetzt und Hier glücklich zu sein, nichts zu vermissen oder zu brauchen. Tagelang in der Natur unterwegs zu sein, zu wandern, zu schauen, Kanu zu fahren, Tiere zu entdecken und zu beobachten und diese Kraft zu spüren. Wir hatten auf unserer Reise Elche, Adler, Fischotter, Biber, Vielfraße, Bären und Wölfe gesehen, gehört und gerochen. Das alles empfand ich wie ein Nachhausekommen. Es fühlte sich an, als ob ich in eine Welt zurückkehrte, die es schon lange vor uns Menschen gab, ursprünglich und frei, mit ihrer wundervollen Flora und Fauna, diesen riesigen alten Bäumen und den gigantischen Seen.

Wir waren tagelang unterwegs gewesen, ohne einen Menschen zu treffen, und ich hatte nichts vermisst. Ich spürte eine Träne auf meiner Wange, die sich langsam ihren Weg auf meinem Gesicht bahnte. Als wir dann mit unserem Gefährt aus dem Waldweg auftauchten, war es dunkel geworden. Das Dickicht gab noch ein letztes Mal den Blick auf den kleinen See frei, der jetzt bei Nacht den Vollmond reflektierte und die Insel mit dem verdorrten Baum

Blick auf den großen Athabasca Lake. Ein See, der wie ein Ozean erscheint. Leider ist dieser Naturschatz vermutlich durch den Ölsandabbau vergiftet. Die Bewohner nutzen das Wasser seit hunderten von Jahren. Heute werden sie davon krank. Ich hatte die Ehre, ganz in der Nähe bei einer indianischen Totenfeier zwischen den Stammesältesten sitzen zu dürfen. Fotografie von Konstantin Muffert.

silbrig glänzen ließ. Die Silhouetten der Vögel, die den Baum als Aussichts- und Schlafplatz nutzten, setzten sich dunkel vom Licht ab, und am linken Bildrand suchte sich die alte, verlassene Blockhütte ihren Weg in den *frame*.

Der Eindruck dieses Bildes war so stark, dass es mir einen Stich ins Herz versetzte. Es lag ein unglaublicher Frieden in dieser Atmosphäre, ein Frieden, der selbst meine städtische Kinderseele erfasste und in Beschlag nahm. Ich glaubte etwas zu spüren, das bis in die Wurzeln meiner Existenz reichte. Ein leichter Wind ließ die Blätter der Bäume rascheln, und nur vereinzelte Tierstimmen und Geräusche am und über dem See fanden ihren Weg durch das leicht geöffnete Wagenfenster. Die erste Träne war nicht die letzte, ich wollte einfach nicht fort von dieser Landschaft, dieser Natur und diesen freundlich entspannten Menschen, die kein Drängeln kannten, keinen Raummangel, die sich noch freuten, einen Menschen zu sehen. Vor meinem inneren Auge erwarteten mich schon die gehetzten und genervten, müden Zivilisationsgesichter der westlichen Welt. Wir waren da draußen wochenlang glücklich gewesen, und jeder Tag war ein Abenteuer mit so vielen Geschenken. Das Leben war einfach und rustikal, aber es genügte uns.

Das Heulen der Wölfe bei der kleinen Blockhütte am großen See, ihren Anblick und den gefundenen Elchriss habe ich nie mehr vergessen. Diese Erlebnisse haben mein Leben verändert und beeinflusst, bis heute. Mein Engagement für Natur und Umwelt, mein Einsatz für den Erhalt der Artenvielfalt gründet sich in dieser Zeit. Weil ich es immer mit dieser ursprünglichen Freude verbinde. Das Geschenk der Natur erfüllt und nährt mich, es gibt mir Kraft. Ich habe diese magischen Quellen gesucht, und mein Beruf hat mir ermöglicht, die Nähe und die Präsenz von Wildnis zu spüren und zu erleben.

Auch Kanada ist keine »heile Welt« mehr, doch dort habe ich meine ganz persönliche Initiation erlebt und bin oft zurückgekehrt. Das Gefühl habe ich immer wiedergefunden, dabei ist dieser Teil der Welt ebenso bedroht und verletzt. Ich habe Gebiete gesehen, die vom Ölsandabbau verwüstet wurden, Seen so groß wie Ozeane, die vergiftet sind. Die dort lebenden *First Nations* weisen 35 Prozent höhere Krebsraten auf als der allgemeine Landesdurchschnitt. Das Wasser des Sees ist nicht mehr genießbar, dabei haben sie sich seit Jahrhunderten von diesem Gewässer ernährt. Aber ich habe bei einer Totenfeier zwischen den indianischen *elders* sitzen, dem Klang der Trommeln lauschen dürfen und das fremdartige Essen

genossen. Da gab es Wildente, Karibu-Eintopf und vieles mehr, leider keinen Fisch, denn der ist nicht mehr essbar. Trotzdem war ich glücklich wie ein »Junge vorm Weihnachtsbaum«, ein legendärer Sonnenuntergang und spannende Gespräche.

Wie schön und atemberaubend weit ist dieses Land, wie schön muss es gewesen sein, bevor die weiße, westliche Gier hereinbrach und ihre »ach so tolle Zivilisation« verbreitete. Vancouver Island hat 80 Prozent seiner borealen Regenwälder verloren, und vor der Küste des Great Bear Rainforest mit seinen Naturschätzen kreuzen Öl- und Fracking-Gastanker. Ich bin mir natürlich bewusst: Kanada ist nicht Europa und schon überhaupt nicht Deutschland, und das kann auch nicht das Ziel sein.

Ich weiß, Deutschland ist Kulturlandschaft und dicht besiedelt, aber mit der Wiedervereinigung entdeckte ich die Vielfalt der Natur in den östlichen Gebieten unseres Landes. Welch ein Geschenk! Welch eine Gelegenheit.

Doch Kulturlandschaft, Landwirtschaft und die Industrie mit ihrem steten Streben nach Wirtschaftswachstum stehen der Natur im Weg. Deren Reichtum hat sich in den letzten 30 Jahren schon stark verändert und wurde bis auf wenige Ausnahmen dezimiert.

Diesen Druck eines Gemäldes von Richard Shorty habe ich bei einer Reise nach Kanada vor vielen Jahren in der Ontario Art Gallery, in Toronto erworben.

Mein Eindruck ist, dass wenige Menschen diesen Reichtum schätzen und respektvoll damit umgehen können. Über weite Teile des Landes weht der giftige Nebel der konventionellen Landwirtschaft, Pestizide, Glyphosat, Halmverkürzer – ein wahrer Baukasten der Agrochemie. Auf den Feldern landet massenhaft Gülle, die das Grundwasser belastet. Eine böse Mischung aus anmaßender Arroganz, Ahnungslosigkeit und fehlender Empathie – anscheinend hat keiner Angst, seine Familie und Tiere zu vergiften und ihr Erbgut zu schädigen. Dabei kommen Untersuchungen und Gutachten von unabhängigen Ärzten und Wissenschaftlern zu genau diesen Ergebnissen. Warum unternimmt niemand etwas, warum wird es nicht verboten? Sind die mafiösen Strukturen der Chemiekonzerne und des Bauernverbandes so stark bzw. zu stark? Ist der Profit der Konzerne mehr wert als unser aller Leben und Gesundheit?

In Amerika gibt es die ersten Präzedenzurteile, die Glyphosat als Ursache für Krebserkrankungen verantwortlich machen. Das sind erste Schritte, aber wie lange soll es noch dauern, bis man endlich reagiert? Werden die Entschädigungen für Opfer von Bayer und Monsanto immer weiter nach unten gedrückt? Ich bin sehr gespannt und werde die Sache weiter verfolgen.

Ich freue mich sehr über die »Fridays for Future«-Kampagne der engagierten jungen Schwedin Greta Thunberg. Endlich kommt da mal eloquent und leidenschaftlich Bewegung ins Spiel der andauernden Sprachlosigkeit und Interessensarmut der Restbevölkerung. Plötzlich gibt es Engagement und Interesse, und die Politik fühlt sich ertappt und unter Druck gesetzt. Nur leider wissen deren Akteure offenbar nicht, was sie tun sollen. Ihre einzigen Ideen sind der CO_2-Handel und dass der Normalbürger die Zeche zahlen soll, die Politik und Industrie mit ihrer Ignoranz verursacht haben. Dabei bleiben die großen Fragen: Wen interessiert Natur? Warum soll Natur wichtig sein? Wie kann man die Begeisterung für die Natur und ihre Bedeutung vermitteln? Wie macht man die Basis des Lebens, Natur und Umwelt, sexy? Das sehe ich als meine Aufgabe – und den Wolf mittendrin.

Während der Dokumentarfilmreise 2000 entdeckten wir in Alberta nach langer Suche endlich Waldbisons in den Northwest Territories – und diesen beeindruckenden Wasserfall. Aufgenommen von Michael Duftschmid.

Ein Wolf und ein Bär im Wisentgehege Springe,
fotografisch festgehalten von Thomas Henning.

VISION 1

Kranich,
Vogel des
Glücks

DIE KUGEL DES BERLINER...

... Fernsehturms hängt im Nebel, während ich aus dem Fenster meines Büros in Mitte starre. Regentropfen finden ihren Weg über die Glasscheiben vor meinem Schreibtisch. Ein Buch über Wölfe, ein brisantes, umstrittenes Thema – das kann viel Ärger einbringen. Diese Tiere haben nach meinem Eindruck ständig schlechte Presse, andauernd sehe ich Bilder in den Nachrichten und Zeitungen von weinenden Schäfersfrauen, die vor den Trümmern ihrer Existenz zusammengebrochen sind. Ständig blutüberströmte Tiere mit aufgedunsenen Bäuchen, die von den »Monstern aus Wald und Heide« massakriert wurden. Was soll man dazu sagen?

Vor über 100 Jahren wurde der letzte Wolf in Deutschland erlegt, und endlich war Ruhe in Wald und Hain. Man nannte ihn den Tiger von Sabrodt, weil man erst annahm, das Tier sei ein entlaufener Zirkustiger. Doch dann kamen, den modernen Legenden zufolge, in der Nachwendezeit irgendwelche entrückten Wildnisverklärer auf die Idee, Wölfe aus Ostblockländern und Zoos einzusammeln und in Hippiebussen und Lkws nach Deutschland zu schmuggeln, um sie dort auszusetzen. Mit dem Ziel, die staatliche Ordnung zu zersetzen und unser deutsches Heimatland im Blutrausch der Bestien untergehen zu lassen.

Während ich über diese Fantasiegeschichten der Wolfsskeptiker sinniere, fällt mir ein, dass mein Hund Bruno und ich heute auf dem Abendspaziergang fast von einem aggressiven Fahrrad-Egomanen im »Affenzahn« auf dem Bürgersteig umgefahren wurden. Natürlich hatte er Lauschmuscheln auf den Ohren, um sich aus dem Hier und Jetzt zu verabschieden, irgendwo ins mentale Nirvana oder ins Handygespräch mit seiner Freundin. Glücklicherweise hat Bruno clever reagiert und ist behende ausgewichen. Ich bin nur noch »Achtung!« schreiend beiseite gesprungen, mit bangem Blick auf meinen kleinen »Stunthund«, der aus diesem

---

Kraniche gelten in vielen Ländern als Glücksboten. In einigen Gebieten in Deutschland haben sich diese großen Vögel fest etabliert. Hier in der Schorfheide in Brandenburg, aufgenommen von Wiebke Loeper.

Grund mittlerweile eine Lampe trägt und eine reflektierende Jacke. Würde den Freiheitskämpfern des Berliner Verkehrs auch gut zu Gesicht stehen. Aber meistens Pustekuchen. Verkehrte Welt, denke ich bei mir. Wo sich die Fahrradfahrer doch so oft selbst als gejagte Spezies im Berliner Verkehrschaos betrachten. Nicht nur die »Heiligen Kühe« auf zwei Rädern, auch Tiere können in dieser Welt schnell unter die Räder oder vor den Lauf geraten.

Mein Blick wandert vom Fenster zurück in mein Büro, fokussiert sich auf meinen jungfräulichen Schreibtisch. Ich will ja heute mit dem neuen Buch beginnen. In meinem Kopf erinnere ich mich an das melodische Heulen eines einsamen Wolfes, ich spüre fast einen kalten Hauch, der mein Zimmer durchweht. Bewegt sich der Mantel an meiner Zimmertür im Luftwirbel? Plötzlich scheint über mir ein dunkler Schatten zu schweben. Ist es ein Wolf? Blutstropfen zeichnen wilde Muster auf meinem Bildschirm. Geister böser Wesen aus grauer Vorzeit scheinen geweckt, ich fühle mich wie in einem Film – aber ein Drehbuch soll es ja nun nicht werden! Ein erneutes Geheul, jetzt näher. Der Regen vor meinen Fenstern verstärkt sich. Der Fernsehturm am Alex scheint zum Leuchtturm in rauer See zu mutieren, Wind und sich biegende Bäume branden gegen meine Hauswand, nur die alte Kirche scheint sicher zu stehen. Wie eine Arche, von innen erleuchtet durch warmes Licht, lässt sie auf sichere Zuflucht hoffen, falls heute Nacht die Sintflut kommt.

Tiere dürfen allerdings für gewöhnlich nicht in die Kirche. Außer zum Beispiel in Mecklenburg-Vorpommern. Hier reitet man zur alljährlichen Fuchstreibjagd hoch zu Ross in die Kapelle. Die Hunde dürfen nicht mit rein. Sie hatten früher die Aufgabe, die Füchse zu treiben und zu jagen. Heute rennt die Meute einem künstlichen Köder hinterher, die echte Fuchsjagd ist verboten. Zum Glück. So werden diese »kleinen Brüder« der Wölfe nicht mehr gehetzt. Trotzdem habe ich mich immer gefragt, warum nur die Reiter, Jäger und Pferde mit dem heiligem Halali gesegnet werden und nicht die Füchse – dabei hätten die den göttlichen Beistand doch in dieser Situation viel nötiger.

Noch immer spüre ich den kühlen Luftzug in meinem Arbeitszimmer.

Von Ferne klingen Trommeln an mein Ohr, aus dem Nebel meiner Erinnerungen, der so dick ist wie der Nebel um die Kuppel des Alex. Trommeln und Gesänge. Meine alten Freunde grüßen mich, und in meiner Fantasie sitze ich wieder mit Bruce vor seinem

Tipi in der Abendsonne: mit weitem Blick, Hoffnung und Zuversicht in meinem Herzen auf eine andere bessere Welt, ein freies Leben. Ich genieße meine Erinnerungen an seinen kehligen Gesang und die Trommelklänge der uralten Lieder aus dem Repertoire der Lakota-Indianer.

Die korrekte Bezeichnung der nordamerikanischen Ureinwohner ist übrigens aus gutem Grund »First Nations«. Sie waren dort die Ersten. Ob das auch der pfälzische Wirtschaftsflüchtling in dritter Generation, dessen Urgroßeltern einst aus Kallstadt in die USA auswanderten und der mit seiner »Amerika First«-Kampagne zum Präsidenten der Vereinigten Staaten wurde, auf dem Schirm hat?

Der Flug des roten Milans über uns und die Vision seines weiten Blicks unterstützten unsere abendliche Meditation. Wussten Sie, dass auch Greifvögel in Deutschland vielerorts gehasst und gejagt werden? Fang, Abschuss und Vergiftung sind nicht selten, auch wenn das verboten ist. Sie werden zum Beispiel von Jägern als Konkurrenten bei der Jagd auf Hasen oder Fasane gesehen.

Aber zurück zu meinem Buch und diesem Thema »Wolf«, mit dem man sich – davor warnen mich echte, langjährige und enge Vertraute immer wieder – ausreichend »neue Freunde« macht. Ich habe mir aber dennoch – oder eben gerade deswegen – vorgenommen, ein Buch für und über die Wölfe zu schreiben, bevor aus Angst, Unwissenheit und Bequemlichkeit die ersten Schüsse fallen. Mir ist es wichtig, nach neuen Perspektiven zu suchen und zu forschen, für ein Miteinander von Mensch und Wolf in meiner Heimat.

Kaum einem Tier schlägt so viel Hass und Unwillen entgegen wie dem Wolf. Woher kommt das? Ist das unser Unterbewusstsein oder die Erinnerung an Mythen, Märchen und Sagen aus vergangenen Zeiten?

Vor Hunderten von Jahren waren Wolf und Mensch Jagdgefährten. Sie lebten in ähnlichen sozialen Strukturen und versuchten ihre Familien zu ernähren. Doch irgendwann wurden aus den ehemaligen Gefährten Nahrungskonkurrenten. Der Mensch beanspruchte immer mehr Land und Gebiete für sich. Holzte Wälder ab, beraubte damit sowohl den Wolf als auch dessen Beutetiere ihrer Lebensgrundlage.

Er hatte keine andere Wahl, als den Menschen näherzukommen, seinen Hunger oftmals am ungeschützten Weidevieh der bitterarmen Bauern des Mittelalters zu stillen. Aus Konkurrenz und

Existenzangst wurde Hass, und es entstanden unzählige Mythen von blutrünstigen Monstern, Untoten und Werwölfen, die den Inbegriff des Bösen stilisierten.

Auch heute scheint es, als habe der Wolf keine Lobby mehr bzw. nur noch schlechte. Ist die alte Nahrungskonkurrenz von Neuem entbrannt? Warum werden immer noch Ängste geschürt und Abschüsse fälschlicherweise als Herdenschutzmaßnahmen deklariert? »Wölfe gehören genauso wie Füchse, Rehe oder Biber in unsere Landschaft« – das sehen laut Forsa-Umfragen, die der NABU in Auftrag gegeben hat, fast 80 Prozent der Deutschen so – egal, ob sie in der Stadt oder auf dem Land leben. Auch auf dem Dorf weiß man offenbar, dass Rotkäppchen ein Märchen ist.

Ehrlich gesagt, ich habe ein wenig Angst, wenn ich mich in meinem Buch für dieses Tier – und damit, wie ich finde, auch für die restliche Natur einsetze.

Der Wolf scheint die Menschen zu spalten, in zwei Lager, die sich offenbar mehr und mehr unversöhnlich gegenüberstehen. Wollen wir der Natur oder Wildnis einen Platz geben, mit ihr leben, statt sie zu beherrschen? Sind wir bereit, unser Allmachtsdenken aufzugeben, statt die Geschenke der Schöpfung immer weiter auszubeuten und zu zerstören?

Doch wie begeistert man Menschen im digitalen Zeitalter für Natur und Ökologie und ihre komplexen Zusammenhänge? Wo doch jedes elektronische Spielzeug oder Produkt ein größeres Interesse zu erregen scheint?

Und mit geschenkt meine ich: uns anvertraut, und doch aus Profitgier und Unachtsamkeit mit Füßen getreten und missbraucht, statt gehegt und gepflegt. Dabei haben sich zum Beispiel die Jäger ja dieses Motto auf die Fahne geschrieben. Sie verstehen sich als Naturschützer, das Thema ist sogar ein Teil der Jagdprüfung. Für mich als Laie ist das schwer zu verstehen, warum man sich das Töten von Tieren zum Hobby auserkoren hat, man die Leichen der Jagd in Reih und Glied präsentiert und mit feierlichem Geblase versucht, die armen Geister vielleicht doch zu ehren.

Manche Jäger waren schon scharf darauf Wölfe zu schießen, bevor überhaupt ein Wolfsforscher oder Wildtierbiologe die ersten in Deutschland gesehen hat. Über Jagdreisen ins Ausland konnte

---

Der »weite Blick« hat mich schon erreicht; am genüsslichen Frühstückstisch im Wildpark Schorfheide. Foto: Wiebke Loeper

CALIF
SF1968

und kann man sich diesen Wunsch gegen teures Geld erfüllen. In der früheren DDR gehörte das Jagen auch zum guten Ton. Wölfe waren damals zum Abschuss frei, und so wurden die einzelnen Wölfe, die aus Polen einwanderten, auch rasch erlegt. Vor allem für die Machthabenden, Erich und Genossen, aber auch in der BRD Franz Josef Strauß und seine Kameraden, war die Jagd ein verbindendes Hobby. Gemeinsames Jagen schweißt offenbar zusammen, und damit meine ich nicht das Beschaffen von Wildbret: Meiner Meinung nach ist ein gekonnter Schuss immer noch respektvoller als Massentierhaltung.

In Rumänien war das Schießen von Bären nur dem früheren Diktator Ceausescu erlaubt. Was für eine Befreiung, als jeder Bürger Bären schießen durfte. Das hat die Bären allerdings fast an den Rand des Aussterbens gebracht.

Wenn ich meinen Gedanken weiter freien Lauf lasse, wird für mich in Mecklenburg-Vorpommern wahrscheinlich die Visumspflicht wieder eingeführt oder ich werde unter Jagdrecht gestellt und mir wird bei meinem Jäger der Erwerb von Wildfleisch verweigert.

Solange ich nicht von der Meute gehetzt und gesteinigt werde, gehe ich das Risiko ein.

Während draußen der Sturm peitscht und das Universum zu antworten scheint, höre ich noch immer leise die Lakotatrommeln. Höre ich im Geiste weit entfernt ein Heulen und den Ruf der Wildnis, denke an Jack London und »Wolfsblut« und die vielen Plätze auf der Welt, die ich besuchen durfte, die eine andere Geschichte vom Wolf erzählen, von Respekt, Achtung, Schönheit, Freiheit, Verständnis und Leidenschaft.

Die Kälte in meinem Arbeitszimmer ist verflogen, die wichtigen Geister sind gerufen, und wir sind mitten im Thema. Willkommen in meinem Buch »Die Hoffnung und der Wolf«. Kommen Sie mit mir auf die Reise zu diesem globalen Thema, einem wichtigen Aspekt zum Überleben der Welt und seiner Bewohner.

Nebel liegt über dem friedlichen kanadischen See, hinter uns die kleine Blockhütte, rustikal-klassisch aus Blockholz, ganze Baumstämme. Für die nächsten Tage ist hier unser Zuhause. Zwei Holzbetten, ein kleiner Tisch und ein Ofen. Jack London lässt grüßen.

Ein Schrei, der einem in die Glieder fährt: Das ist kein Wolf. Aber die Stimme echot wie von Geisterhand über die Seenlandschaft. Eine Antwort folgt vom nächsten See, und meine Körperhaare stehen mir zu Berge, mit einer anständigen Gänsehaut. Es sind *loons*, zu Deutsch Seetaucher. Sie werden wie andere Tiere unsere ständigen Reisebegleiter. Eine Reise in der monumentalen Natur, die mein Leben für immer verändern sollte. Die *loons* findet man auf der kanadischen Dollarmünze. Ihre markanten Rufe dienen der Revierabgrenzung, die sie während der Paarungszeit ausstoßen. In Schottland gilt der Ruf des Seetauchers als schlechtes Omen.

So schnell geraten Tiere in Misskredit. *The great northern loons* und ihre Rufe. Für mich ein Geistergesang, der mich für immer mit diesem wilden Land verbindet. Nicht, dass meine Vision wäre, Deutschland und die großartige westliche Welt mit ihrem ständigen Sehnen nach Reichtum und Wirtschaftswachstum der Natur anheim stellen zu wollen. Nein, auf keinen Fall, Gott bewahre! Aber irgendwie finde ich es unvorstellbar, dem allgemeinen Artensterben einfach respekt- und achtlos zuzusehen. Ich will das nicht, ich möchte nicht ohne Natur leben. Diese Freude der Vielfalt und des natürlichen Reichtums einfach aufzugeben, kommt nicht infrage.

Wie oft haben wir nun schon Berichte sehen müssen über das Sterben der Wale an einer entfernten Küste? Mit Sprechern, die scheinbar unberührt davon berichten, dass man über die Ursachen leider noch nichts vermelden könne. Haben Sie mal Wale in freier Wildbahn gesehen? Grandios! Ich war mal an einem Platz mit 20 bis 30 Walsichtungen pro Tag. Dort hatte ich sogar ganz nahen Kontakt. Ich saß mit meinem Morgenkaffee an der kanadischen Pazifikküste, so drei Meter vom Ufer weg, schaute aufs Meer. Plötzlich ein Geräusch, ein Pusten und ein Blast, und dann näherte sich von rechts ein Buckelwal. Hielt vor mir inne, drehte seinen Körper zur Seite, um sein Auge aus dem Wasser zu heben, und wir blickten uns an. Mein Herz schlug, ich wagte es nicht mich zu rühren, eine tiefe Freude und ein Glücksgefühl durchströmten mich. Ich wollte in diesem Moment, zu dieser Zeit nirgendwo anders sein, nur hier auf diesem steinigen Untergrund, in diesem kurzen Augenblick von Kontakt. Dann war der Moment auch schon wieder vorbei, er ließ sein Auge unter der Wasseroberfläche des Pazifiks verschwinden und schwamm nach links weiter.

Es gibt solche Plätze auf der Welt, nicht mehr viele, und sie werden tagtäglich weniger, die Schauplätze und ihre Bewohner auch, die solche Sensationen ermöglichen.

Liebe Leserinnen und Leser!

Innehalten, danke sagen, nachdenken und nachspüren.

Sollen wir froh sein, dass wir die Autoscheiben nicht mehr so oft putzen müssen? Thema Insektensterben!

Ich weiß, ich komme gerade ins Erzählen, es sind einfach zu viele Aspekte, die doch eines gemeinsam haben: Meine Sorge um den Verlust des Respekts vor der Natur.

Lassen Sie mich noch von einer weiteren persönlichen Geschichte berichten – auch sie hat erst auf den zweiten Blick etwas mit dem Thema Wolf zu tun:

Vor meinem Grundstück hat mal jemand einen Dachs überfahren, in der Abenddämmerung. Sein erster Blick galt seinem Auto und möglichen Schäden. Als wir sahen, dass was passiert war, und nachfragten, galt unser erstes Interesse dem Tier. Der junge Fahrer und seine Beifahrerin hingegen hatten das Tier nicht eines Blickes gewürdigt. Wir rannten los, holten Handschuhe, um zu schauen, ob es stark verletzt war oder schon tot. Es war schon tot, ein prächtiger Dachs, schade! Wir schafften das Tier ins Gebüsch, damit es nicht zu einer Briefmarke mutierte, wenn jeder achtlos darüber fuhr. Die beiden jungen Menschen waren weder boshaft, noch haben sie den Dachs mit Absicht überfahren. Sie waren nur leider ohne Respekt und Empathie. Und das auf dem Land, wo es doch viel mehr Natur und Tiere geben sollte? Das verstehe ich bis heute nicht, auch nicht nach fast 20 Jahren Landleben und ländlicher Idylle.

Es lebe die Artenvielfalt, ein belebter Garten und eine intakte Umwelt. Dafür benötigt es intelligente und interessierte Menschen, die Freude an ihrer Realität und Existenz haben. Doch manchmal sehe ich mich als Städter auf dem Land veranlasst, den Menschen dort den Spiegel vorzuhalten, indem ich versuche, die Freude über die Wunder in unseren Gärten zu teilen.

Als es um die ersten Ideen zu diesem Buch ging, hatte ich die Vorstellung, einen Winter im Yukon zu verbringen, in dieser eisigen Wildnis im hohen Norden Kanadas. Aber erstens überstieg es das Buchbudget, und zweitens geht es ja um uns, um Europa und um Deutschland. Woher stammen denn die verdammte Angst und der übermäßige Hass vor diesen Tieren und Veränderungen? Alle hetzen durch die Welt, schneller, höher weiter und niemand kommt ans Ziel. Und doch ist da auf der anderen Seite diese verdammte Sehnsucht nach etwas Authentischem, etwas Echtem, das

Geschichte und Bestand hat, vielleicht sogar noch seit der Zeit vor den Menschen. Ist das der Grund, warum Wolfsnächte und Wolfskontakte in Tierparks so großes Interesse finden bzw. so frequentiert sind?

Die Hoffnung und die Wölfe? Manchmal denke ich, vielleicht ist es nur meine Hoffnung und die Wölfe?

Als ich heute nach Hause fuhr, gab es Neuigkeiten zum Thema Wolfsabschuss. Umweltministerin Schultze kann sich Abschüsse bei Problemwölfen vorstellen, sprich Wölfen, die wiederholt Weidezäune überwinden. Bleibt die Frage nach Herdenschutzprojekten bzw. dem schon oft geforderten Herdenschutzzentrum. Das müsste thematisch bei unserer aktuellen Agrarministerin, Frau Klöckner, angesiedelt sein. Jedoch konzentriert sich diese stattdessen auf die Forderung nach Wolfsabschüssen. Einem Schaf ist es aber schnuppe, ob es von einem oder fünf Wölfen aufgefressen wird. Abschüsse ersetzen keinen Herdenschutz. Und der kostet. Punkt. Mir ist es nach wie vor völlig unverständlich, warum sich der Bauernbund und Co. so intensiv für Abschüsse, statt für die Unterstützung beim Herdenschutz einsetzen. Der Abschuss von Wölfen würde erst dann den Herdenschutz ersetzen, wenn man gleich alle Wölfe tötet. Ist das das Ziel der Landwirte?

Dabei besteht Landwirtschaft aus zwei Worten: Land und Wirtschaft. Wo also bleiben das Land und dessen tierische Bewohner?

Ich erinnere mich, wie man sich während einer Veranstaltung des Bauernverbandes über interessierte und selbstverantwortliche Verbraucher lustig machte, ähnlich unserem trendig-modischen und jungdynamischen Herrn Lindner, der die »Fridays for Future«-Kampagne ja auch lieber an die Profis verweisen will.

Wohin die engagierten Profis uns in Sachen Natur- und Klimaschutz bringen, beobachte ich seit Jahren mit Sorge.

Und an allem sind die Wölfe schuld, nee, klar! Ich denke, die Europawahl hat gezeigt, dass wir uns vielleicht ganz andere Sorgen machen sollten. Wollen wir, dass Faschisten und Nationalisten auf unsere Kosten, gemeint sind Steuergelder, mit ihren diskriminierenden und faktenresistenten Positionen Europa übernehmen? Mit allen Auswirkungen – auch für unser aller Natur? Es ist fünf vor zwölf, der Kampf um Michael Endes »Phantasien« ist verloren, und der Kampf um J. R. R. Tolkiens »Mittelerde« voll entbrannt.

Ein Wolf im Wildpark Schorfheide,
aufgenommen von Wiebke Loeper

MEIN ERSTES TREFFEN

Der sandige Weg
zum Wildpark
wird gesäumt von
Kiefern und
Fichten

... MEIN ERSTES GESPRÄCH ...

... auf der Suche nach Perspektiven und Möglichkeiten für den Wolf führt mich nach Brandenburg in den Wildpark Schorfheide. Lange war ich mit anderen Projekten und Aufgaben beschäftigt und schon lange, sagen wir zu lange, war ich nicht mehr hier gewesen. Doch vergessen habe ich diesen schönen und friedlichen Platz nie. Der Aufbau dieses riesigen, 105 Hektar großen Areals begann im Jahr 1996. Es liegt inmitten des Biosphärenreservats Schorfheide-Chorin, das seit 1990 als bedeutende Kulturlandschaft unter dem Schutz der UNESCO steht. Es umfasst das größte zusammenhängende Waldgebiet Deutschlands, etwa 240 Seen, mehr als 100 Moorlandschaften sowie weitläufige Wiesen und Ackerflächen.

Finanziert und unterhalten wird der Park von den Besuchern, durch ihr Eintrittsgeld. Auch das neue brandenburgische Wolfs-Informationszentrum ist hier vor Kurzem entstanden, finanziert mit rund einer Million Euro Fördermittel aus dem Agrarfond zur Entwicklung ländlicher Räume und durch EU-Gelder. Für das sich hier ebenfalls im Aufbau befindende Herdenschutz- und Herdenschutzhundezentrum steht der WWF Pate.

Wenn man wie ich sein Fahrzeug auf dem Parkplatz des Wildparks abstellt und zum Eingang läuft, ist man bereits mitten im Wald. Fichten und Kiefern säumen den Weg, und dann betritt man durch ein Holztor das riesige Areal mit großzügigen Freigehegen. Hier können sich die Tiere relativ weiträumig bewegen und zum Teil verstecken, sodass sie nicht ständig den Blicken der Menschen ausgesetzt sind. Dies verlangt allerdings im Gegenzug von den Besuchern, sich entsprechend zu verhalten, wenn sie ein Tier zu Gesicht bekommen möchten.

Vor dem Wolfsgehege beobachtete ich beispielsweise einmal eine Familie mit einem mittelgroßen Mischlingshund, der wie verrückt bellte, während sich die Menschen laut und wild gestikulierend

---

Typischer Kiefernwald auf sandigem Boden in der Mark Brandenburg.
Foto: Wiebke Loeper

unterhielten und der Junge, damit ihm endlich jemand zuhörte, brüllte: »Wo sind denn die Wölfe, da sind ja gar keine?!«

Ich konnte einfach nicht anders und teilte der Familie mit, dass ich schon welche gesehen hätte, aber vielleicht könne ein wenig Stille helfen? Überrascht und strafend sahen mich die Eltern an, mit weit aufgerissenen Mündern. Immerhin war Ruhe eingetreten. Die »Rückkehr« der Gehege-Wölfe ließ dann auch gar nicht lange auf sich warten. Allgemeine Begeisterung. Ach, so geht das!?

Damals wie heute packt mich diese Umgebung sofort, der alltägliche Stress fällt von mir ab wie reifes Obst von einem Baum. Ich träume dann definitiv von einem anderen Leben, in der Natur und einer Gemeinschaft. Auch das Atmen ist plötzlich ganz anders – besser, freier als in der Stadt. Nach stressigen Drehtagen gibt es kaum etwas Besseres für mich: raus und willkommen in der Natur! Oder sagen wir lieber: im naturnahen Raum. Bis heute verstehe ich nicht, warum von meinem Bekanntenkreis so selten jemand hierherkommt. Die Berliner sind nur 70 Kilometer entfernt von diesem Platz, diesem inspirierenden und erholsamen Freiraum. Die Hauptstadt scheint, wenn man hier ist, wie auf einem anderen Planeten. Ein Moloch samt ständigem Überlebenskampf, der Hetze und dem Gedrängel, das wir alle ja doch auch kennen, leben und ja, manchmal dann auch wieder ganz gerne haben, wenn es zum Beispiel ins Theater oder Kino geht. Mein Berlin, wie haste dir verändert, denke ich ein bisschen melancholisch bei mir. Doch zurück zum Tierpark: Für mich bietet sich hier eine gute Gelegenheit, mit meinen »Hauptdarstellern« Kontakt aufzunehmen, die nötigen Fragen, Antworten und den weiten Blick zu finden, ohne den dieses Thema nicht zu bewältigen ist.

Wie damals vor vielen Jahren, als ich mit dem großen Heimweh und der Sehnsucht nach Kanada in den Park kam. Die Tiere und die friedliche Atmosphäre schienen mir wie aus der Zeit gefallen. Meine Seele fand hier Ruhe und Zuflucht. Stundenlang lief ich umher, suchend und schauend. Oft blieb ich auch einfach stehen, beobachtete still die Tiere. Manchmal setzte ich mich irgendwo versteckt hin, der Zeit entrückt, sinnend und träumend, geschützt durch den Wald und doch ganz im Hier und Jetzt.

Man findet im Wildpark Schorfheide aussterbende Nutztierrassen und Wildtiere, die in der Region früher heimisch waren. Konikpferde, Heckrinder, Skudden, graue Pommernschafe und Wollschweine, auch unter dem Namen Mangalitza bekannt, die zum Beispiel bei minus 35 Grad draußen leben können. Das sind

Die Leiterin des Wildparks Schorfheide, Imke Heyter, im Kontakt mit einem ihrer Pferde (oben) und ich im Gespräch mit Imke beim Rundgang durch den Park (Bild unten). Immer dabei: mein Hund Bruno.

gesunde, fette Schweine, die sich sichtbar wohlfühlen und durch ihre dicke Speckschicht gegen die Kälte geschützt sind. Solche Tiere haben nur durch private oder ausgewählte Nutztierhaltung eine Chance zu überleben. Im gequälten Einerlei der industrialisierten Massentierhaltung gibt es für sie kaum eine Chance. Ihr Fleisch ist köstlich und ihr Fett cholesterinärmer als man landläufig annimmt.

Mein heutiger Arbeitstag im Tierpark beginnt mit einem gemeinsamen Frühstück. Mit dabei sind das Team des Parks, die Belegschaft, der Tierarzt Dr. med. vet. Ehrenreich Lemke, meine

Eindrücke aus dem Wildpark Schorfheide: Heckrinder – eine Rückkreuzung zum Urrind (o. l.), Mangalitzaschwein auch ungarisches Wollschwein genannt (o. r.) sowie ein Brandeisen mit Wolfs-Trittsiegel – zum Verschönern der neu aufgebauten Herdenschutzzäune.

Fotografin Wiebke Loeper und natürlich Imke Heyter, die Chefin des Wildparks. Schon jetzt gibt es interessante Gespräche über Tiere, Natur, den Alltag und ökologische Themen in humorvoller und doch engagierter Stimmung. Dabei ist es für mich beeindruckend zu sehen, wie Imke trotz der enormen Verantwortung, die auf ihr lastet, nie die Zugewandtheit und Liebe zu den Menschen und Tieren verliert. Auch bei Problemen wie Krankheiten und Notfällen, die immer wieder Planungen durchkreuzen, bewahrt sie die Ruhe.

Heute ist zum Beispiel der Tierarzt da, weil es mit einem Konikfohlen, das die Mutter nicht annehmen wollte, auf der Kippe stand. Glücklicherweise hat die Stute es am Abend zuvor endlich säugen lassen, und das junge Pferd ist nun auf gutem Weg, sich mit der dringend benötigten Milch zu stärken und zu überleben. Es hätte auch unsere Pläne für einen gemeinsamen Tag im Park durchkreuzen können. Nun steht unserem gemeinsamen Rundgang nichts mehr im Wege. Allseits Erleichterung.

Ich denke, wenn Sie mein Bild vom Frühstückstisch betrachten (auf Seite 39), dann werden Sie erkennen, dass sich mein Blick schon verändert hat, dass ich gelandet bin und einfach anders schaue. Ich würde es vielleicht eine Mischung aus Zufriedenheit, Vorfreude und Sehnsucht nennen. Nach dem genussvollen Frühstück brechen wir auf.

Das erste Mal habe ich die Chance, das neue Herdenschutzzentrum ins Visier zu nehmen, das sich allerdings noch im Bau befindet. Trotz der begrenzten Mittel des Parks, der, um es nochmals zu erwähnen, sich vorrangig selbst finanziert und trägt, schafft es Imke immer wieder, neue und ihr wichtige Projekte auf die Beine zu stellen. Von staatlicher Seite zwar versprochen, da wichtig für das Zusammenleben mit den »neuen Nachbarn«, tut sich an dieser Front aber bislang leider nichts oder nur sehr langsam – wie bei so vielen anderen ökologischen und naturrelevanten Themen. Also nimmt Imke sie erst mal in Angriff. Respekt!

Was wird wohl passieren, wenn sich meine Befürchtungen bewahrheiten und der Gesetzesentwurf für den erleichterten Wolfsabschuss Realität wird? Werden sich dann weiterhin Menschen finden, die sich für Wölfe interessieren und engagieren? Imke ist das Thema Wölfe und daraus resultierend die Notwendigkeit des Herdenschutzes aber wichtig, denn schließlich ist sie in der seltenen Position, Wildtierbefürworterin und Nutztierhalterin in einem zu sein. Wo findet man das schon? Die frisch gebauten

Test-Ansicht-Muster-Zäunungen auf dem Teil des Geländes, auf dem sich die Baustelle des zukünftigen Brandenburger Herdenschutzzentrums befindet, sind jedenfalls sehr beeindruckend. In verschiedenen Ausführungen und Höhen sowie mit Untergrabschutz sind sie nicht nur in ihrer optischen Umsetzung eine Besonderheit, sondern auch so stabil, dass sie die Vorgaben für einen sicheren Schutz gegen Wolfsübergriffe erfüllen.

Mit meiner wunderbaren Fotografin Wiebke Loeper nehme ich mir bei unserem Treffen mit Imke Zeit für einen ausgiebigen Besuch in der Schorfheide. Gemeinsam schlendern wir durch den Park, finden immer wieder Anlass für wichtige Gespräche und Fragestellungen. Ab und zu lässt Imke uns allein, um notwendige Arbeiten zu erledigen und sich uns danach wieder anzuschließen.

Gegen Mittag passieren wir die majestätischen Heckrinder, die an die Urzeitrinder, die Auerochsen, erinnern. Äußerst liebenswert sind die gemütlichen und frisch gesuhlten Wollschweine nebenan. Sie strahlen eine enorme Zufriedenheit aus, was möglicherweise auch an ihrem Leben in frischer Luft und einem großzügigen Auslauf liegen könnte. Auf Schritt und Tritt begleiten uns auf unserem Weg die Rabenvögel mit ihrem Gekrächze und bemerkenswerten Flugdarbietungen. Ich erinnere mich an Jagdbilder aus meiner Bibliothek, die nordamerikanische Ureinwohner zeigen: Diese waren immer in Gemeinschaft mit den rabenartigen Vögeln und den Wölfen unterwegs, weil einer vom anderen profitieren konnte. Die Anwesenheit von Raben oder Krähen ließen in der Wildnis oftmals auf Aas schließen, und Wölfe bei der Jagd zu begleiten, war für die Rabenvögel meist mit der Chance verbunden, etwas Essbares zu ergattern.

Auf unserem Rundweg durch den Wildpark kommen wir auch zu den imposanten Wisenten, die hier ebenfalls früher heimisch waren und wie selbstverständlich in diese Landschaft passen, wenn sie gemächlich über die weiten Weideflächen wandern.

Unser Gespräch dreht sich natürlich hauptsächlich um die Wölfe, ihre Akzeptanz in der Öffentlichkeit und den politischen Umgang mit diesem polarisierenden Thema. Im Grundtenor wundern wir uns, warum der Schutzstatus der Wölfe nicht konsequent durchgesetzt wird. Da die Anwesenheit von Wölfen in einigen

Hunde sind erlaubt, im neuen Wolfsinfocenter im Wildpark – auch mein Bruno darf mit in die Ausstellung. Hier gibt es interessante und gut aufbereitete Informationen zum Wolf für Laien und Interessierte. Fotos: Wiebke Loeper

FRESSEN DIE WÖLFE ALLE TIERE AUF ?
Wie viel frisst der Wolf?
Wie viel isst der Mensch
57.864.800
3.501.100
1.030.400
20.400
7.100
1.514.200
Nahrung
WIE VIEL FRISST DER WOL
Nutztiere bilden 1 % der Wolfsbeute
Verwiegend werden Schafe und Ziegen erbeutet
aber auch Kälber und Alpakas

Bundesländern fast schon zur Normalität gehört, fragt man sich, warum dieses Thema immer wieder so hochkocht, wenn man sich an die nötigen Grundregeln des Herdenschutzes hält.

Imke zeigt uns glücklich die Konikpferde, besonders das noch schwache Fohlen, das erst am Vortag den Zugang zu den Zitzen der Stute hatte finden können. Aber es ist über den Berg und erholt sich zusehends. Imke ist sichtlich erfreut über die glückliche Wendung nach all der Aufregung und Sorge der vergangenen Tage. Konikpferde gelten als eine Art Urpferde und sind eine sehr robuste und widerstandsfähige Rasse aus Polen, die häufig für die Pflege von Kulturlandschaften genutzt wird. Sie leben dann ähnlich wie Wildpferde in autonomen Herden. Konik ist übrigens Polnisch für »Pferdchen«.

Dann kommen wir zu den Wölfen. Man muss schon sehr genau hinschauen und zeitweilig geduldig sein, um sie in dem teils dicht bewachsenen Gehege zu entdecken. Ich möchte nicht wissen, wie oft man an den vorsichtigen und gut getarnten Tieren in freier Wildbahn vorbeiläuft. Meistens entdeckt man ihre Spuren zuerst, also Kot oder Abdrücke.

Da die Wölfe gerade gefüttert wurden, sieht alles nach einer gemütlichen Siesta aus. Beeindruckend, wie sie sich durch ihre Fellzeichnung im Unterholz »verlieren«. Raben bedienen sich an den Resten des Futters, bevor sie krächzend, mit einem Knochenstück oder Fleischbrocken im Schnabel, das Weite suchten. Imke muss uns verlassen, und Wiebke und ich genießen die Zeit der Stille und Faszination in der Nähe meiner »Hauptdarsteller«. Was für schöne und majestätische Tiere.

Als wir uns gerade auf den Weg machen wollen, kippt plötzlich die Stimmung: Der ältere Wolf gerät in eine Auseinandersetzung mit den Jungwölfen. Von jetzt auf gleich, ohne dass wir Vorzeichen hätten erkennen können, beginnt eine wilde Jagd durch das Gehege. Beeindruckend in Kraft und Ausdruck, glücklicherweise ergeben sich keine Verletzungen. Wir schauen wie gebannt ins Gehege, dabei fallen mir neuere Studien ein, bei denen es um Verhaltensunterschiede zwischen frei lebenden und Gehege-Wölfen geht. Die ersten Wolfsforscher untersuchten fast nur Gehege-Wölfe und versuchten dann, auf deren wilde Artgenossen rückzuschließen. Heute weiß man, dass frei lebende europäische Wölfe in einer Art Kleinfamilie zusammenleben: Vater, Mutter und die Kinder. Werden die Kinder erwachsen, wandern sie ab und suchen sich ein eigenes Revier. In diesen Rudeln haben die Eltern das Sagen. Nur sie pflanzen sich fort, Kämpfe um die Rangordnung gibt es nicht. Im Gehege können die Wölfe nicht abwandern. Hier entwickelt sich oft eine Hierarchie.

Als sich die Situation im Wolfsgehege wieder beruhigt hat, sind wir gespannt und besuchen noch das neu eröffnete Wolfs-Informationszentrum des Landes Brandenburg. Dort findet man Antworten zu wichtigen und häufig gestellten Fragen zum Thema Wolf: Wann und warum wurde der Wolf unter Schutz gestellt? Was und wie viel fressen Wölfe? Fressen Wölfe immer mehr und vielleicht alle anderen Tiere auf? Sind Menschen durch den Wolf gefährdet? Es gibt gut aufgemachte Frage- und Antwortkarten, Schaukästen zu biologischen Grundlagen und eine sehr schön dekorierte Abfolge von Standbildern dazu zeigt, wie ein Wolf reagiert und wie man seine Körpersprache liest. Diese ist übrigens in einigen Punkten anders als beim Hund. So ist zum Beispiel das Schwanzwedeln beim Hund ein Zeichen der Freude – beim Wolf aber zeigt es Aufregung an.

Die ganze Ausstellung wird akustisch untermalt von eindrücklichem Wolfsgeheul. Kein Ersatz für das Erleben echten Wolfsgeheuls im realen Leben, in der Natur – aber immerhin, man bekommt eine Vorstellung. So ist, finde ich, das neue Wolfsinfocenter eine gute Möglichkeit für interessierte, neugierige oder besorgte Menschen, sich dem Thema Wolf und Umfeld anzunähern. Speziell wenn man noch keine weitere Erfahrung oder Kenntnis hat. Mich erinnert die Untermalung jedenfalls an mein erstes Wolfsgeheul, das mich so beeindruckte, dass ich es nie vergessen werde. Auch mein kleiner Hund Bruno wird die Ausstellung wohl nicht vergessen, dem waren die andauernden Geräusche gar nicht geheuer. Liegt vielleicht daran, dass er aus Rumänien kommt. Dort waren die Wölfe nie weg, es gab sie schon immer.

Als wir das Zentrum verlassen, besucht uns noch ein Pfau, ebenfalls ein imposantes Wesen – das aber bekanntermaßen eher auf der visuellen Ebene zu beeindrucken versucht.

Ein wunderbarer Tag draußen im Wildpark Schorfheide geht zu Ende. Meine Fotografin Wiebke und ich fühlen uns aus der Zeit gefallen. Der Rückweg mit den Zeitmaschinen fällt uns sichtlich schwer. Auf bald!

Ein Teil der Ausstellung des Wolfinformationscenters Schorfheide beschäftigt sich mit dem Thema Urängste. Ich habe mich für das Buch in deren Schatten begeben. Foto: Wiebke Loeper

MEIN BESUCH IM MINISTERIUM

Spuren
Setzen

NACH ALL DEN MITTEILUNGEN …

… und politischen Meldungen zum Thema Wolf weiß ich mir nicht mehr anders zu helfen, als das Gespräch mit der Politik zu suchen. Die Medienberichte zum Wolf sind ja schon immer ziemlich reißerisch, wenig fachlich, aber Drama verkauft sich besser. Und so bitte ich nach den Meldungen über die Änderungen des Bundesnaturschutzgesetzes um ein Gespräch mit der Bundesumweltministerin Svenja Schulze, die ja für den Artenschutz und damit den Wolf zuständig ist. Womit ich nicht gerechnet habe: Die Antwort lässt nicht lange auf sich warten und erreicht mich noch mitten in Dreharbeiten in Frankreich. Frau Schulze hat leider keine Zeit, aber ihr Staatssekretär im Umweltministerium, Jochen Flasbarth.

Umweltministerium bedeutet genau gesagt Bundesministerium für Umwelt, Naturschutz und nukleare Sicherheit. Da es vielleicht nicht jedem geläufig ist, hier noch eine kurze Erklärung zur Frage, was denn die Tätigkeit eines Staatssekretärs ausmacht. Mit eigenen Worten beschreibt Herr Flasbarth seine Arbeit als die eines Managers, der die verschiedenen Bereiche des Ministeriums und der Mitarbeiterinnen und Mitarbeiter koordiniert und nach außen vertritt. Besondere Freude macht ihm dabei die Zusammenführung ihrer verschiedenen Kapazitäten und Wissensschwerpunkte.

Unser Termin ist für den 2. Juli festgesetzt, und ich gebe zu: Ich bin ein wenig aufgeregt, denn ich gehe in Ministerien normalerweise nicht ein und aus. Es wirkt ein wenig wie das Betreten heiliger Hallen, in denen der Normalbürger selten Einlass findet und deshalb auch nur vage Vermutungen darüber hat, wie es hinter den Mauern aussieht und was da drinnen vor sich geht. In diesem Sinne fühle ich mich sehr geehrt und privilegiert – an dieser Stelle herzlichen Dank für unseren Termin.

Ich werde von der Pressesprecherin Svenja Kleinschmidt abgeholt und treffe Herrn Flasbarth in seinem Büro zu einem

Ein Trittsiegel, also ein Pfotenabdruck in der Oranienbaumer Heide.
Foto: Christian Emmerich

freundlichen, legeren aber doch engagierten Gespräch rund um die Wölfe in Deutschland und Europa sowie die Zielsetzungen des Ministeriums. Dazu erhalte ich Informationen aus erster Hand zum Thema »erleichterter Wolfsabschuss« und zu der geplanten Änderung des Bundesnaturschutzgesetzes.

Ich erkläre, dass ich mich sehr kurzfristig entschieden habe, ein Buch zum Thema Wölfe zu schreiben, das aus meiner Sicht die verschiedensten Aspekte der Rückkehr und den damit verbundenen Hoffnungen und Chancen aufarbeitet und sich den Schwierigkeiten und Herausforderungen stellt, die leider in den oft sensations- und leserheischenden Medienbeiträgen untergehen.

Ich erkläre auch, dass ich über den schnellen und in meinen Augen wenig integren Konsens zwischen Frau Klöckner und Frau Schulze hinsichtlich der geplanten Gesetzesänderungen im Bundesnaturschutzgesetz ziemlich entsetzt bin.

Wo immer ich hinkomme oder mit wem ich auch spreche, der weiß, dass ich ein Buch zum Thema Wölfe schreibe, stets begegnen mir die gleichen Kommentare, ob pro oder kontra: »Jetzt dürfen die Wölfe alle abgeschossen werden.« Anderes habe ich selten gehört.

Herr Flasbarth hört mir aufmerksam zu und erklärt, dass er sich von populistischen und besonders rechtspopulistischen Meldungen oder Äußerungen nicht unter Druck setzen lassen möchte. Dieser Gesetzentwurf der Bundesregierung, wie er jetzt vorliegt und bereits in einem sogenannten ersten Durchgang im Bundesrat behandelt wurde, muss im Herbst 2019 noch im Bundestag diskutiert und beschlossen werden. Er kann zu diesem Entwurf mit gutem Gewissen stehen, denn er wird in der Öffentlichkeit anders dargestellt, als die Fakten tatsächlich sind. Dabei gefallen mir die Souveränität und Klarheit, mit der er das sagt, und ich gewinne dadurch schon zu Beginn unseres Gesprächs einen Hauch von Vertrauen in das politische Handeln zurück.

Eine der wesentlichen Forderungen, die Schaffung wolfsfreier Zonen und Gebiete, kommt auch im neuen Gesetzentwurf nicht vor, auch bedeutet die neue Regelung keinen Freibrief zum Abschuss. Nach wie vor müssen Ausnahmeanträge für eine Entnahme gestellt werden. Einziger wesentlicher Unterschied zu früher ist, dass ein Wolf entnommen, oder sagen wir getötet, werden darf, auch wenn genetisch nicht nachgewiesen wurde, dass er der Übeltäter bei einem Übergriff war (also Herdenschutzzäune überwunden und Weidetiere gerissen wurden). Ein Abschuss darf aber nach wie vor nur erfolgen, wenn nachgewiesen wurde, dass die Weidetiere tatsächlich von einem Wolf gerissen wurden (und nicht etwa durch wildernde Hunde). Außerdem muss der Abschuss zeitnah und im räumlichen Zusammenhang mit dem Ort des Übergriffs erfolgen.

Es gibt also keinen Freibrief.

Der Nachweis der genetischen Identität stellte sich in der Praxis tatsächlich manchmal als schwierig und schwer umsetzbar dar. Denn dazu werden ja ausreichend gute Proben eines Tieres benötigt. Daher soll die Umsetzung in der Praxis durch den Gesetzentwurf erleichtert werden.

Entnahmen unabhängig von einem konkreten Übergriff (auf ausreichend geschützte Weidetiere) sollen durch den Gesetzentwurf nicht zugelassen werden. Denn die willkürliche Tötung eines Wolfs in der Region kann möglicherweise sogar zu einer gegenteiligen Entwicklung der Wolfspopulation führen, wenn zum Beispiel eines der Elterntiere getötet wird und ein Rudel auseinanderfällt und sich unter neuen Konditionen wiederfinden muss. Hierzu gibt es Untersuchungen eines finnischen Wissenschaftlers, die zeigen, dass in solchen Fällen die Anzahl der Weidetierübergriffe sogar noch zunehmen kann. Eventuell können die Welpen dann nämlich nicht auf das Wissen und die Erfahrung der Elterntiere zurückgreifen und testen potenzielle Beutetiere aus.

Unangetastet bleibt nach wie vor die durch die Länder gewährte finanzielle Entschädigung der Weidetierhalter bei Übergriffen. Diese bleibt weiter bestehen und ist eine, wenn nicht die wichtigste Säule der Akzeptanz. Die Förderung von Präventionsmaßnahmen, also zum Beispiel der Kauf von Herdenschutzzäunen, soll sogar weiter verbessert werden. Denn das ist, so erklärt mir der Staatssekretär, der beste Schutz gegen Übergriffe auf Weidetiere. Trotz reichlich Kritik von Seiten der Wolfsgegner – »was das alles kostet, nur für ein Tier« – steht Herr Flasbarth zu diesem Beschluss. Seiner Meinung nach gibt es wenig sinnvollere Ausgaben als sie in den Artenschutz zu investieren, schon aus Gründen unserer Verantwortung gegenüber den nachfolgenden Generationen.

Herr Flasbarth hat mir eindrucksvoll versichert, dass ihm das Thema Wolf am Herzen liegt und dass er, genau wie ich, damals schwer begeistert war über ihre Rückkehr. Allerdings hätten ihn einige französische Freunde vorgewarnt, dass es nicht ganz so einfach werden könnte mit den neuen Nachbarn – und das hat er mir bestätigt. Aber eben auch, dass er die Anwesenheit der neuen Nachbarn weiterhin befürwortet.

Eine schöne, persönliche, kleine Geschichte gibt mir der Staatssekretär noch mit auf den Weg. Er erzählt mir, wie er mit seiner kleinen Tochter im Wolfsgebiet unterwegs war und wie aufgeregt sie war und wie schwer es ihr fiel, still zu bleiben und ihre Begeisterung im Zaum zu halten. Dann plötzlich tauchten tatsächlich ein paar Wolfswelpen auf, und aus seiner Tochter brach es heraus: »Oh, wie süß!« Als die Welpen dies hörten, waren sie dann ganz schnell wieder verschwunden. Denn auch wenn die Welpen neugierig sind, so sind Wölfe doch eben scheu.

Also, ich habe in unserem Gespräch verstanden, dass die Wölfe weiterhin unter Schutz stehen und man von Ministeriumsseite auch nicht vorhat, das zu ändern. Kann man ja auch nicht, ist doch EU-Recht. Es steht allerdings zu befürchten, dass es im Bundestag Kräfte gibt, die eine Verschärfung erreichen wollen. Aber so weit sind wir noch nicht, und ich muss ehrlich sagen, dass wir ein erhellendes Gespräch führten, das mir meine »Hoffnung und den Wolf« ein Stück weit wiedergeschenkt hat.

Was ich nicht verstehe: Warum schauen die Medien mit ihren reißerischen Headlines nur auf Umsatz, statt Fakten zu liefern und sich mit komplexen Themen wie dem Wolf näher zu beschäftigen? Denn wie schon gesagt, die meisten Menschen gehen davon aus, dass die Wölfe jetzt beliebig geschossen und getötet werden dürfen. Ich denke, einige Jäger und Gegner verfahren auch schon länger nach dieser Devise. Ich würde mir wünschen, dass man hier mehr Tatsachen als reißerische Schlagzeilen bringt. Aber wie auch Herr Flasbarth sagt, kann man darauf nicht immer wieder eingehen und reagieren.

Bei der neuen Gesetzesregelung geht es also gar nicht um »Feuer frei« auf jeden Wolf, sondern nach wie vor um Einzelfallprüfungen. Aber mit solch einer Aussage kann man halt nicht so viele Emotionen bei den Lesern wecken. Ich könnte mir gut vorstellen, mal einen Faktencheck im Comedy-Format zu unternehmen. Vorlagen gäbe es dafür genug.

Ich erinnere mich an unser Vorhaben, eine TV-Dokumentation zum Thema Ölsandabbau auf die Beine zu stellen. Große Wildnis- und unberührte Naturressourcen waren und sind dadurch an der Westküste Kanadas in Gefahr. Tanker fahren durch hochsensible Gebiete mit unglaublichen Walvorkommen und sonstigen seltenen Meerestieren. Antwort von Sendern und Produktionsfirmen auf meine Anfrage und mein Engagement war: »Das ist zu weit weg und interessiert keinen – aber wenn die Wale mit dem Bauch nach oben schwimmen, dann könnten wir da was machen.« Auf meine Erwiderung, dass ich doch genau deswegen die Dokumentation machen möchte, damit genau das nicht passiert, kamen dann nur Floskeln. Verkehrte Welt.

Ich verlasse ein wenig hoffnungsvoller das Ministerium und bin sehr gespannt, was wohl im Herbst passieren wird. Inzwischen haben weitere Landtagswahlen gezeigt, dass die Rechten nach wie vor auf dem Vormarsch sind. Wenn das so bleibt, ist es mit Kultur, Lebensart und Natur- und Umweltschutz eh vorbei. Es ist schon schockierend, dass die rechten Konsorten sich so frei entfalten können und von so vielen Menschen gewählt werden.

Im Europaparlament wurden sogar neue Kandidaten für den EU-Kommissionspräsidenten aus dem Hut gezaubert, weil ein Herr Timmermanns, seines Zeichens EU-Kommissar für Rechtsstaatlichkeit und Grundrechte, den europäischen Nationalisten und Rechtspopulisten zu demokratisch und fortschrittlich ist. Das glaubt man doch nicht!

Ich glaube, ich muss mich dringend um den vorläufigen Gesetzesentwurf kümmern und noch mal die Fakten nachlesen. Immerhin geht es hier um Lebewesen und sogar unsere archaischsten. Wir verlangen von fernen und teilweise armen Ländern dieser Welt, dass sie seltene Tiere schützen und achten und die Natur nicht zerstören. Dafür wird auch viel gespendet. Da bin ich der Meinung, dass wir dies vor der eigenen Haustür auch schaffen sollten.

Ich habe schon eine Idee für mein nächstes Treffen. Ich glaube, mein Weg wird mich nach Sachsen-Anhalt führen, zu einem erfahrenen Wolfsexperten, Präventionsberater Herdenschutz und Prüfungsleiter für Herdenschutzhunde. Er ist seit 20 Jahren mit der Materie vertraut, und nach dem spannenden Gespräch mit Herrn Flasbarth will ich mich nun noch weiter mit dem Thema beschäftigen, mit dem Gesetzentwurf, der meine Hoffnung und Sehnsucht gefährdet – aber auch mit den praktischen Schutzmöglichkeiten für Weidetierhalter, die unabdingbar sind.

Frei lebende Wölfe in Deutschland,
aufgenommen von Heiko Anders

ZU GAST IM DIEBZIGER FORST

Ein wolf gehrt um!

DEN WOLFSEXPERTEN …

… und Präventionsberater Herdenschutz sowie Prüfungsleiter für Herdenschutzhunde in Sachsen-Anhalt, Christian Emmerich, treffe ich in seinem Wohnort Dessau-Roßlau. Wir haben vorher einmal telefoniert und uns dabei schon sehr angeregt unterhalten. Vom ersten Kontakt an ist mir klar: Hier weiß jemand, wovon er spricht. Christian begleitet die Rückkehr der Wölfe von Anfang an, seit den ersten Hinweisen auf die Anwesenheit von Wölfen in Sachsen-Anhalt, also seit der ersten Stunde. Er kennt die mediale Aufarbeitung des Themas und hat vor allem aber auf praktischer Seite viel Erfahrung.

Für mich ist es jetzt, nach dem interessanten Gespräch über die politischen Zielsetzungen mit dem Staatssekretär, wichtig, praktische Eindrücke zum Thema Herdenschutz zu sammeln und in Augenschein zu nehmen.

Christian schlägt mir vor, in das Biosphärenreservat Mittelelbe zu fahren und uns dort mit dem Rinderzüchter Swen Keller zu treffen. Mittelelbe gehört zum 1997 anerkannten Biosphärenreservat Flusslandschaft Elbe und beherbergt in seinen Auenwäldern und Landschaften eine grandiose Flora und Fauna. Seine Fläche hat sich seit seiner Gründung verdreifacht und umfasst heute 125 510 Hektar. 2018 konnte hier das durch den WWF geförderte Naturschutz-Großprojekt Mittelelbe vollendet werden. Dessen Ziel ist die Schaffung und Sicherung eines durchflutbaren Flächenverbundes, um so die auentypische Landschaft sowie Tier- und Pflanzenwelt der Elbe zu erhalten. Eine zentrale Maßnahme war die Rückverlegung des Deiches in der Lödderitzer Heide, um die nötige Wasserverbindung herzustellen. Dieses Naturschutzprojekt ist übrigens das größte des WWF in Deutschland.

Im Biosphärenreservat Mittelelbe besitzt Swen Keller im Diebziger Forst mitten im Wolfsgebiet eine große Weide mit

---

Die Fotofallen-Serie zeigt einen Wolf, dem vermutlich das Kamerageräusch merkwürdig erscheint und der deshalb »das Weite sucht«. Vielleicht haben aber auch die Herdenschutzhunde ganz in der Nähe gebellt. Bilder von Christian Emmerich.

Mutterkuhhaltung. 2013 stellte er seinen Betrieb auf ganzjährige Freilandhaltung um. Er merkte schnell, dass es für seine Rinder die bessere Haltungsform ist, denn seither muss der Tierarzt nur noch selten kommen. Seine Tiere sind gesund und vital. Alles lief also

Zwei Herdenschutzhunde: ein Kangal und ein Pyrenäenberghund.
Darunter ein mobiles Weidezaunsystem im Diebziger Forst.
Foto: Christian Emmerich

bestens, bis im März 2017 bei einem Wolfsübergriff zwei Kälber und eine Mutterkuh zu beklagen waren. Dieser Vorfall stellte alles infrage! Sollte jetzt plötzlich Schluss sein mit der für Rinder so angenehmen Freilandhaltung? Swen spürte förmlich Hass auf Wölfe und wusste nicht, wie es weitergehen sollte. In dieser Situation suchte er Rat bei Christian.

Christian Emmerich wiederum war im Auftrag des Wolfskompetenzzentrums zur Spurensicherung und Auswertung an den Tatort geschickt worden. Nach diesem Ortstermin telefonierten Swen und Christian miteinander und sprachen über die Möglichkeiten beim technischen Herdenschutz und über den Einsatz von Herdenschutzhunden. Christian kümmerte sich daraufhin um einen Projektpartner, und nach kurzer Zeit wurde hier durch seine Initiative ein beispielhaftes Herdenschutzprojekt realisiert, das er auch heute noch betreut.

Mithilfe des WWF sowie von RAPPA, einer Firma für Zaunsysteme, und unter Einbeziehung des Wolfskompetenzzentrums konnte die Herde gesichert werden. Dies gelang zum einen technisch durch das neue Zaunsystem, zum anderen durch Herdenschutzhunde. Der Einsatz der Herdenschutzhunde bei Rindern war besonders innovativ, da bis dato immer wieder bezweifelt wurde, dass sie auch in der Mutterkuhhaltung eingesetzt werden könnten.

Ich darf mit Swen und Christian genau diese Weide besuchen und betreten. Dabei sehe ich zunächst nur Kühe und Kälber, erst als wir näherkommen, schälen sich drei weitere Wesen aus der Menge heraus. Es sind Hunde. Große Hunde: ein Kangal und zwei französische Pyrenäenberghunde. In das Projekt sollte ursprünglich auch ein Maremmano eingebunden werden, doch konnte damals kein Hund dieser Rasse in der erforderlichen kurzen Zeit beschafft werden.

Die drei Hunderassen Kangal, französischer Pyrenäenberghund und Maremmano werden derzeit für den Einsatz als Herdenschutzhund in Deutschland empfohlen. Die imposanten französischen Pyrenäenberghunde gibt es in ihrer jetzigen Gestalt vermutlich seit dem 14. Jahrhundert, Kangals seit dem 12. Jahrhundert. Letztere stammen wohl von den Herdenschutzhunden der Nomaden ab, die zwischen 10 000 v. Chr. bis 1300 n. Chr. von Zentralasien nach Anatolien zogen, und haben sich beim Schutz von Schafherden bewährt. Seit Juni 1989 sind sie international als Hunderasse anerkannt. Interessant: Ihr ursprünglicher Name, Karabaş, verweist auf die schwarze Maskenzeichnung der Hunde. Kara ist das türkische Wort für »Kopf«, und baş bedeutet »schwarz«.

Der Maremmen-Abruzzen-Schäferhund ist italienischer Abstammung. Wie alle Herdenschutzhunde werden auch die Maremmanos schon früh auf Schafe geprägt, indem man die Welpen zu ihnen legt. So fühlt sich der Hund als Teil der Herde und hat das Bestreben, seine Familie zu beschützen.

Da sie seit Jahrhunderten als Arbeitshunde fungieren, sind Herdenschutzhunde sehr gelehrig und intelligent, aber als gehorsame Haushunde, so wie wir sie kennen und uns im Wohnzimmer wünschen, natürlich völlig unbrauchbar: Sie arbeiten selbstständig und autark und sind ihrer Herde stärker verbunden als ihrer menschlichen Bezugsperson. Ein wesentlicher Unterschied zu anderen Hunderassen. Auf der Koppel gefällt ihnen mein Besuch überhaupt nicht, besonders der Kangal will mir während meines Besuches immer wieder nahekommen. Als Fremdling kann ich mich nur unter der Aufsicht von Swen auf dem Gelände bewegen. Als »Chef« verhindert er brenzlige Situationen, die sich ergeben könnten, wenn ich allein unterwegs wäre, weil die drei Hunde ihre Familie sehr aufmerksam gegen alles Fremde beschützen. Aber das ist ja auch ihre Aufgabe.

Wanderer und Spaziergänger müssen jetzt übrigens keine Angst bekommen. Herdenschutzhunde bleiben innerhalb des Zaunes bei »ihren« Tieren. Aber man sollte eben nicht auf die Idee kommen, zu einer von solchen Hunden geschützten Herde über den Zaun zu klettern.

In den letzten beiden Jahren haben Swen und Christian in Workshops vielen Interessenten aus dem In- und Ausland ihr Herdenschutzprojekt vorgestellt. Dabei waren Nutztierhalter und Mitarbeiter von Ministerien aus Brandenburg, Niedersachsen, Sachsen-Anhalt, Bayern, Hessen, Baden-Württemberg und Schleswig-Holstein sowie den Nachbarländern bei ihnen zu Gast.

Seit Beginn dieses Projektes hat es keine Wolfsangriffe mehr gegeben, und Swen ist von seinen »Mitarbeitern« und seinem Herdenschutzzaun begeistert. Das RAPPA-Zaunsystem ist offensichtlich sehr bedienungsfreundlich, da ein mobiles Wickelsystem den Aufbau erheblich erleichtert und beschleunigt. Damit ist es vor allem für die Rinderhaltung mit Kälbern und ihren zum Teil sehr großen Flächen interessant.

Die Zaunaufbauten, die ich im Wildpark bei Imke Heyter gesehen habe, sind gute und stabile Zäunungen, die aber fest installiert sind. Auch von der Ästhetik her sind hier ganz andere Maßstäbe möglich. Die transportablen Zaunrollen, die bei Swen auf der großen Weide zum Einsatz kommen, sind bedeutend leichter und damit flexibler. Letztendlich geht es jedoch wie immer und überall um die Frage, was man braucht. Das RAPPA-System eignet sich besonders für eine Beweidung, bei der Zäunungen auch immer mal wieder versetzt werden müssen. Es gibt natürlich noch viele andere Zaunsysteme, die für andere Gegebenheiten vielleicht besser geeignet sind. Keine Weide ist wie die andere, man muss immer nach dem passenden »Schuh« suchen.

Nachdem wir uns von Swen und seinem Mitarbeiter verabschiedet haben, verschwinden wir noch ins Unterholz des Biosphärenreservats, um Fotofallen neu zu bestücken und die alten Aufnahmen später auszuwerten. Wer weiß, ob ein Wolf in der Nähe der Weide war und von der Linse erfasst wurde.

Wieder daheim, entdecken wir auf Christians Laptop dann tatsächlich mehrere Aufnahmen der ganz in der Nähe der Koppel aufgestellten Fotofalle. Die Bilder zeigen einen flüchtenden Wolf, der sich offenbar mit schnellen, großen Schritten und eingeklemmter Rute davonmacht. Möglicherweise haben die Herdenschutzhunde angeschlagen und ihn in die Flucht gejagt.

Dieses Herdenschutzprojekt scheint also zu funktionieren. Ich freue mich sehr über diese ermutigenden Erfahrungsberichte von Machern – und dass mich die Recherchen zu diesem Buch in diese wundervolle Region gebracht haben. Die Schönheit und Vielfalt der Natur kann ich nur jedem Ausflügler empfehlen. Ich jedenfalls werde diese Landschaften wieder besuchen. Danke, Christian!

Wolf mit leuchtend hellen Augen im Wisentgehege Springe, aufgenommen von Thomas Henning

ZUM GESETZENTWURF

Der Blick

WENN WIR SCHON …

… die ganze Zeit davon sprechen, so dachte ich mir, sollten wir ihn auch mal lesen können – den geplanten neuen Text des Bundesnaturschutzgesetzes. Ich habe ihn deshalb ans Ende dieses Kapitels gehängt. Einige Erläuterungen zu den Hintergründen und Auswirkungen gab es schon im Kapitel »Besuch im Ministerium«. Mit dem erfahrenen Wolfsberater Christian Emmerich bin ich eine Reihe von Fragen und Schwerpunkten auch noch mal durchgegangen, um auch seine Einschätzung aus der Sicht des Praktikers zu bekommen.

Die Bedrohung eines Menschen durch einen Wolf ist auch aus Emmerichs Sicht ein klarer Grund für eine Entnahme. Das ist eine der Grundvoraussetzungen für die Akzeptanz von Natur- und Artenschutz: Die Sicherheit des Menschen muss stets an erster Stelle stehen! In der Wissenschaft weiß man, dass es für die seltenen Fälle, in denen Wölfe Menschen angegriffen haben, eine Handvoll Ursachen gab: Das können Krankheiten wie die Tollwut sein (die Tollwut wurde in Deutschland zum Glück ausgerottet), aber auch angefütterte Wölfe können für Menschen zur Gefahr werden. Deshalb soll das Anfüttern von Wölfen in dem neuen Gesetz verboten werden. Das ist wichtig, weil Wölfe durch die Anfütterung ihre Vorsicht gegenüber Menschen verlieren können. Daraus können wiederum Situationen entstehen, die für Menschen gefährlich sind. Und um eben allein die Aussicht auf eine solche Gefährdung auszuschließen, würde man einen solchen Wolf, der aufgrund einer regelmäßigen Anfütterung durch Menschen deren Nähe sucht, der Natur entnehmen – ihn also töten. Letzten Endes würde solch ein Wolf also das menschliche Fehlverhalten mit seinem Leben bezahlen. Oder wie die Wolfsexperten sagen: Ein angefütterter Wolf ist ein toter Wolf.

Ein weiterer Grund für eine Entnahme kann der wiederholte Übergriff auf eine geschützte Weidetierherde sein. Die Grundaus-

»Ich schau dir in die Augen, Kleines«. Wisentgehege/Springe, aufgenommen von Thomas Henning rüstung für den Herdenschutz sind zwischen 90 und 120 Zentimeter hohe sogenannte Flexinetze oder Litzenzäune. Mit Flexinetzen, die mehr als 120 Zentimeter hoch sind, ist schwer zu arbeiten, weil sie bei Wind oder sandigem Boden nicht mehr stabil genug sind. Die Wirkung kann noch mit Flatterband verstärkt werden, außerdem müssen die Zäune stromführend sein. Hintergrund ist, dass Wölfe nicht gerne springen – sie graben lieber. Wenn sie dann von der unteren Litze einen Schlag auf die Nase bekommen, merken sie, dass es keine gute Idee ist, sich zu den Schafen durchzugraben.

Wie immer im Leben, kann es auch hier Ausnahmen geben: Sollte ein Wolf die Erfahrung machen, dass er durch das Springen leicht an Beute kommt, und sollte die Aussicht bestehen, dass er diese Erfahrung an seine Welpen weitervermittelt, ist auch seine Entnahme vorgesehen. Dabei ist wichtig zu erwähnen, dass eine vorgeschriebene, korrekte Zäunung und der entsprechende Zustand sowie gute Stromstärke zum Zeitpunkt des Vorfalls Grundvoraussetzungen für eine solche Entscheidung sind. Kaputte Zäune laden Wölfe geradezu ein – und das will man natürlich vermeiden!

Eine zusätzliche Sicherheit für Schafe und Co. bieten Herdenschutzhunde, die aber entsprechend ausgebildet und finanzierbar sein müssen. Sie verlangen vom Herdenbesitzer Erfahrung mit Hunden und eine entsprechende Ausbildung, da sie zwar aus einer entsprechenden Zuchtlinie stammen, aber dennoch ihr Handwerk erst mal lernen müssen, meistens von erfahrenen, älteren Tieren. Übrigens werden Herdenschutzhunde gerne mit Hütehunden verwechselt. Beide sind Arbeitstiere, werden aber eben völlig anders eingesetzt und haben dementsprechend auch ganz unterschiedliche Anlagen.

Damit Herdenschutzhunde vernünftig arbeiten können, ist ein funktionierender Zaun wichtig. Zwar werden sie in einigen anderen Ländern auch ohne Zaun eingesetzt, aber dann auch wirklich eher in menschenleeren Regionen. Bei uns sorgen Zäune zum Beispiel auch für ausreichend Abstand zwischen Spaziergängern mit oder ohne Hund.

Eine Entnahme von Wölfen zur Bestandsregulierung ist aus wildbiologischer Sicht überflüssig, weil sich die Anzahl der Wölfe in einer Region ohnehin an der Zahl und Bestandsdichte von Beutetieren orientiert: wenig Beute, wenig Wölfe.

Wölfe brauchen keine Wildnis, auch in unseren dicht besiedelten Kulturlandschaften gibt es viele Regionen, in denen sie grundsätzlich auch gut zurechtkommen. Hier kommen dann viele weitere bestandregulierende Einflüsse zum Tragen, wie zum Beispiel der Straßen- oder Bahnverkehr, der die Lebensräume durchschneidet.

Eine Entnahme von einzelnen, nicht auffälligen Wölfen zur Unterstützung des Herdenschutzes ist auch nicht sinnvoll, sondern kann sogar gegenteilige Entwicklungen zur Folge haben. Wenn zum Beispiel Elterntiere geschossen werden und die Welpen oder Jungwölfe nicht von den Erwachsenen lernen können, dass Schafe keine gute Beute sind, dann testen die elternlosen Jungwölfe dies selber aus, und die Risse können zunehmen – möglicherweise sogar bei einem existierenden und korrekten Herdenschutz, den die Wolfseltern zuvor schon akzeptiert hatten. Aber nun, ohne die mahnenden Eltern, wird eben alles neu erforscht.

Wenn der Herdenschutz entsprechend installiert ist, macht es keinen Unterschied, ob es einen, zwei oder acht Wölfe in einem Gebiet gibt. Und selbst bei einem unzureichenden oder gar schlechten Herdenschutz ist es egal, ein oder zwei Tiere können den gleichen »Schaden« anrichten wie fünf Tiere. So ist der Herdenschutz der Schlüssel, um Schäden zu vermeiden – nicht die Anzahl der Wölfe.

Last but not least gibt es ja noch die Forderung, Wölfe zu bejagen. Der rechtliche Rahmen dazu ist aber nicht das Bundesnaturschutzgesetz, sondern sind die Jagdgesetze der Bundesländer. Aber kann sich eine regelmäßige Bejagung auf die Scheu der Wölfe vor den Menschen auswirken? Hundeartige Tiere lernen ja durch Verknüpfung, und das ist bei einem Abschuss nicht möglich. Tote Wölfe verknüpfen nichts, und die erschossenen Wölfe können ihren lebenden Artgenossen ja diesbezüglich auch nichts aus dem Jenseits mitteilen, oder?

Gesetzentwurf der Bundesregierung

Entwurf eines Zweiten Gesetzes zur Änderung
des Bundesnaturschutzgesetzes

A. Problem und Ziel

Das Gesetz verfolgt das Ziel, die Rechtssicherheit bei der Erteilung von Ausnahmen von den artenschutzrechtlichen Zugriffsverboten zu erhöhen. Beim Vollzug des Bundesnaturschutzgesetzes hat sich in der Praxis zudem der Bedarf ergeben, spezifische Regelungen zum Umgang mit dem Wolf zu treffen.

Das Füttern von Wölfen soll zur Prävention einer Gewöhnung an den Menschen (Habituierung) und damit verbundenen Risiken verboten werden. Die Rechtssicherheit für Verwaltungsentscheidungen bei Nutztierrissen soll auch für Fälle erhöht werden, bei denen unklar ist, welcher Wolf konkrete Schäden verursacht hat. Zudem soll die freiwillige Mitwirkung von Jagdausübungsberechtigten bei der Durchführung von durch artenschutzrechtliche Ausnahmeentscheidungen zugelassenen Entnahmen von Wölfen geregelt werden. Die Einbringung von Haustiergenen in die Wildtierpopulation durch Wolfshybride ist ebenfalls problematisch. Daher soll eine Entnahme dieser Hybride durch die zuständige Naturschutzbehörde vorgesehen werden.

B. Lösung

Das Gesetz enthält eine Ergänzung des Bundesnaturschutzgesetzes um die beschriebenen Regelungen.

C. Alternativen

Keine.

D. Haushaltsausgaben ohne Erfüllungsaufwand

Mehrbelastungen für die öffentlichen Haushalte sind durch dieses Gesetz nicht zu erwarten.

E. Erfüllungsaufwand

E.1 Erfüllungsaufwand für Bürgerinnen und Bürger

Durch dieses Gesetz entsteht kein Erfüllungsaufwand für Bürgerinnen und Bürger.

E.2 Erfüllungsaufwand für die Wirtschaft

Der Wirtschaft entsteht kein Erfüllungsaufwand. Auch werden keine Informationspflichten neu eingeführt oder geändert.

E.3 Erfüllungsaufwand der Verwaltung

Durch das Gesetz entsteht kein Erfüllungsaufwand für den Bund oder die Kommunen. Auf Länderebene entsteht ein geringfügiger Erfüllungsaufwand durch die Verfolgung von Ordnungswidrigkeiten bei Verstößen gegen das vorgesehene Fütterungsverbot. Durch die vorgesehene Berücksichtigung von Jagdausübungsberechtigten bei der Durchführung von im Wege einer Ausnahme zugelassenen Entnahmen von Wölfen ergibt sich ein Mehraufwand für die Verwaltung. Diesem steht, soweit sich Jagdausübungsberechtigte zur Unterstützung der Entnahme bereiterklären, eine Verminderung der Personal- und Sachkosten der Verwaltung gegenüber. Die Relation der Kosten ist einzelfallabhängig und kann nicht beziffert werden.

F. Weitere Kosten

Sonstige Kosten für die Wirtschaft oder Auswirkungen auf Einzelpreise und das Preisniveau, insbesondere auf das Verbraucherpreisniveau, sind nicht zu erwarten.

Gesetzentwurf der Bundesregierung

Entwurf eines Zweiten Gesetzes zur Änderung
des Bundesnaturschutzgesetzes

Vom …

Der Bundestag hat das folgende Gesetz beschlossen:

Artikel 1
Änderung des Bundesnaturschutzgesetzes

Das Bundesnaturschutzgesetz vom 29. Juli 2009 (BGBl. I S. 2542), das zuletzt durch Artikel 8 des Gesetzes vom 13. Mai 2019 (BGBl. I S. 706) geändert worden ist, wird wie folgt geändert:

1. In der Inhaltsübersicht wird nach der Angabe zu § 45 folgende Angabe eingefügt:
   »§ 45a Umgang mit dem Wolf«.

2. § 45 Absatz 7 Satz 1 Nummer 1 wird wie folgt gefasst:
   1. » zur Abwendung ernster land-, forst-, fischerei- oder wasserwirtschaftlicher oder sonstiger ernster Schäden,«.

3. Nach § 45 wird folgender § 45a eingefügt:
   »§ 45a Umgang mit dem Wolf

   (1) Das Füttern und Anlocken mit Futter von wildlebenden Exemplaren der Art Wolf (Canis lupus) ist verboten. Ausgenommen sind Maßnahmen der für Naturschutz und Landschaftspflege zuständigen Behörde. § 45 Absatz 5 findet keine Anwendung.

   (2) § 45 Absatz 7 Satz 1 Nummer 1 gilt mit der Maßgabe, dass wenn Schäden

bei Nutztierrissen keinem bestimmten Wolf eines Rudels zugeordnet worden sind, der Abschuss von einzelnen Mitgliedern des Wolfsrudels in engem räumlichen und zeitlichen Zusammenhang mit bereits eingetretenen Risseereignissen auch ohne Zuordnung der Schäden zu einem bestimmten Einzeltier bis zum Ausbleiben von Schäden fortgeführt werden darf. Die in Satz 1 geregelte Möglichkeit des Abschusses weiterer Wölfe gilt auch für Entnahmen im Interesse der Gesundheit des Menschen nach § 45 Absatz 7 Satz 1 Nummer 4.

(3) Vorkommen von Hybriden zwischen Wolf und Hund (Wolfshybriden) in der freien Natur sind durch die für Naturschutz und Landschaftspflege zuständige Behörde zu entnehmen; die Verbote des § 44 Absatz 1 Nummer 1 und Nummer 3 gelten nicht.

(4) Bei der Bestimmung von geeigneten Personen, die eine Entnahme von Wölfen nach Erteilung einer Ausnahme gemäß § 45 Absatz 7, auch in Verbindung mit Absatz 2, sowie nach Absatz 3 durchführen, berücksichtigt die für Naturschutz und Landschaftspflege zuständige Behörde nach Möglichkeit die Jagdausübungsberechtigten, soweit diese ihr Einverständnis hierzu erteilen. Erfolgt die Entnahme nicht durch die Jagdausübungsberechtigten, sind die Maßnahmen zur Durchführung der Entnahme durch die Jagdausübungsberechtigten zu dulden. Die Jagdausübungsberechtigten sind in geeigneter Weise möglichst vor Beginn über Maßnahmen zur Entnahme zu benachrichtigen; ihnen ist nach Möglichkeit Gelegenheit zur Unterstützung bei der Durchführung der Entnahme zu geben.«

4. § 69 Absatz 2 wird wie folgt geändert:

a) In Nummer 5 wird das Wort »oder« am Ende durch ein Komma ersetzt.

b) Nach Nummer 5 wird folgende Nummer 5a eingefügt:

»5a. entgegen § 45a Absatz 1 Satz 1 ein wildlebendes Exemplar der Art Wolf (Canis lupus) füttert oder mit Futter anlockt oder«.

Artikel 2

Inkrafttreten

Dieses Gesetz tritt am Tag nach der Verkündung in Kraft.

Begründung

A. Allgemeiner Teil

I. Zielsetzung und Notwendigkeit der Regelungen

Die Rückkehr des Wolfs (Canis lupus) nach Deutschland und die bislang positive Bestandsentwicklung sind als Erfolg des Artenschutzes zu begrüßen. Zugleich leistet auch die Weidetierhaltung einen unverzichtbaren Beitrag zur Landschaftspflege und zum Naturschutz. Sie muss auch dort in Zukunft sichergestellt bleiben, wo durch Zuwanderung des Wolfs vermehrt Zielkonflikte auftreten. Zur Abwehr von Schäden an Nutztieren ist der Herdenschutz von ausschlaggebender Bedeutung. Zudem hat die Sicherheit der Menschen stets oberste Priorität.

Das Gesetz verfolgt das Ziel, die Rechtssicherheit bei der Erteilung von Ausnahmen von den artenschutzrechtlichen Zugriffsverboten zu erhöhen. Zudem sollen spezifische Regelungen zum Umgang mit dem Wolf getroffen werden.

Das Füttern von Wölfen führt zu deren Habituierung und einem Verlust der Scheu vor Menschen und muss daher aufgrund der damit verbundenen Risiken untersagt werden. Außerdem soll die Rechtssicherheit für Verwaltungsentscheidungen über artenschutzrechtliche Ausnahmen bei Nutztierrissen erhöht werden, um die mit der Rückkehr des Wolfs verbundenen Zielkonflikte sachgerecht lösen zu können. Wolfshybride stellen durch die Einbringung von Haustiergenen eine Gefahr für die Wildtierpopulation dar. Es soll daher eine ausdrückliche Pflicht der für Naturschutz und Landschaftspflege zuständigen Behörden normiert werden, die Wolfshybride zu entnehmen.

II. Wesentlicher Inhalt des Entwurfs

Das Gesetz enthält eine Ergänzung des Bundesnaturschutzgesetzes um die oben beschriebenen Regelungen.

III. Alternativen

Keine.

IV. Gesetzgebungskompetenz

Dem Bund steht auf dem Gebiet des Naturschutzes die konkurrierende Gesetzgebungskompetenz nach 74 Absatz 1 Nummer 29 GG zu. Die Änderung der Bußgeldvorschrift des § 69 stützt sich auf die Kompetenzen aus Artikel 74 Absatz 1 Nummer 1 GG (gerichtliches Verfahren und Strafrecht). Dieses Gesetz dient schwerpunktmäßig dem Artenschutz als Teilbereich des Naturschutzes.

V. Vereinbarkeit mit dem Recht der Europäischen Union und völkerrechtlichen Verträgen

Das Gesetz ist mit dem Recht der Europäischen Union vereinbar und dient der Umsetzung der Richtlinie 92/43/EWG und der Richtlinie 2009/147/EG. Es steht zudem im Einklang mit den Verpflichtungen nach dem Übereinkommen über die Erhaltung der europäischen wildlebenden Pflanzen und Tiere und ihrer natürlichen Lebensräume (Berner Konvention) und weiterer völkerrechtlicher Übereinkommen.

VI. Gesetzesfolgen

1. Rechts- und Verwaltungsvereinfachung

Es handelt sich um eine Neuregelung, die bundeseinheitliche Maßstäbe für den Umgang mit dem Wolf formuliert. Das Gesetz erleichtert den Vollzug der Bestimmungen des Bundesnaturschutzgesetzes durch die zuständigen Behörden der Länder.

2. Nachhaltigkeitsaspekte

Die Managementregeln und Indikatoren der nationalen Nachhaltigkeitsstrategie wurden geprüft. Das Gesetz fördert die positive Entwicklung der Indikatoren 2.1.b »Ökologischer Landbau« und 15.1 »Arten erhalten – Lebensräume schützen« der Nachhaltigkeitsstrategie der Bundesregierung. Die Gesetzesänderung soll mehr Rechtssicherheit insbesondere für die Entnahme von Wölfen bei Nutztierrissen an durch ausreichende Herdenschutzmaßnahmen geschützten Weidetieren schaffen. Die Regelung zur Entnahme von Hybriden zwischen Wolf und Hund dient dem Schutz der Artenvielfalt.

3. Haushaltsausgaben ohne Erfüllungsaufwand

Mehrbelastungen für die öffentlichen Haushalte sind durch dieses Gesetz nicht zu erwarten.

4. Erfüllungsaufwand

a) Bürgerinnen und Bürger

Durch das vorliegende Gesetz ergibt sich kein Erfüllungsaufwand für Bürgerinnen und Bürger. Zwar betrifft der Regelungsvorschlag zu § 45a Absatz 1 Satz 1 alle Bürgerinnen und Bürger als Adressaten des Verbotes, wildlebende Exemplare der Art Wolf zu füttern. Hiermit ist allerdings weder ein zeitlicher noch ein Kostenaufwand verbunden. Die Nutzung der in § 45a Absatz 4 eröffneten Möglichkeit zur Unterstützung von Entnahmen ist den Jagdausübungsberechtigten freigestellt.

b) Wirtschaft

Der Wirtschaft entsteht kein Erfüllungsaufwand. Auch werden keine Informationspflichten neu eingeführt oder geändert.

c) Öffentliche Verwaltung

Durch das vorliegende Gesetz ergibt sich kein Erfüllungsaufwand für den Bund oder die Kommunen. Auf Länderebene entsteht der nachfolgend im Einzelnen dargestellte Erfüllungsaufwand.

Durch die Änderung des § 45 Absatz 7 Satz 1 Nummer 1 ergibt sich kein zusätzlicher Erfüllungsaufwand. Der Regelung kommt im Wesentlichen klarstellender Charakter zu. Soweit sich durch die Änderung ein geringfügiger Anstieg der Fallzahl ergibt, ist davon auszugehen, dass der hierdurch entstehende Mehraufwand durch den aufgrund der vorgenannten Änderung sowie der ergänzenden Regelung des § 45a Absatz 2 erzielten Minderaufwand ausgeglichen wird.

Das in § 45a Absatz 1 vorgesehene Fütterungsverbot bedarf keiner zusätzlichen Vollzugshandlungen und soll aus sich heraus wirken. Was die durch Ergänzung des § 69 Absatz 2 vorgesehene Ahndung von vorsätzlichen Verstößen als Ordnungswidrigkeit anbelangt, ist von einer insgesamt sehr geringen Fallzahl auszugehen (bundesweit im einstelligen Bereich). Pro Fall ist von einem Personalaufwand von ca. einer Stunde (g.D.) für die Erfassung, Bewertung und Bescheidung auszugehen, hieraus ergibt sich ein Erfüllungsaufwand von 40,80 Euro pro Fall.

Durch § 45a Absatz 2 ergibt sich kein zusätzlicher Erfüllungsaufwand; die Norm erleichtert vielmehr die Anwendung einer Ausnahme nach § 45 Absatz 7 Satz 1 Nummer 1 und Nummer 4.

Durch das in § 45a Absatz 3 vorgesehene, an die zuständige Naturschutzbehörde adressierte Gebot, Hybriden zwischen Wolf und Hund der Natur zu entnehmen, ergibt sich kein zusätzlicher Erfüllungsaufwand. In den wenigen bislang bekannten Fällen ergibt sich ein Tätigwerden der zuständigen Naturschutzbehörden bereits aufgrund der allgemeinen Vorgaben des § 2 Absatz 3 i.V.m. § 1 Absatz 2 Nummer 2, im Regelfall war insoweit schon bisher von einer Ermessensreduzierung auf Null auszugehen.

Durch die in § 45a Absatz 4 vorgesehene freiwillige Mitwirkung von Jagdausübungsberechtigten bei im Rahmen von Ausnahmen zugelassenen Entnahmen von Wölfen ergibt sich zusätzlicher Personalaufwand auf Seiten der Länderverwaltungen. Die Anzahl der pro Fall betroffenen Jagdausübungsberechtigten kann nicht belastbar bestimmt werden. Die Größe von Jagdrevieren ist sehr unterschiedlich und weist dementsprechend eine große Bandbreite auf. Die Größen von Wolfsterritorien können in Mitteleuropa nach Angaben der Dokumentations- und Beratungsstelle des Bundes zum Thema Wolf ebenfalls stark schwanken und liegen oft zwischen 100–350 km^2. Schließlich ist der Geltungsbereich einer Entnahmegenehmigung in Abhängigkeit vom Ort und räumlich-zeitlichen Zusammenhang der Rissereignisse zu bestimmen. Dem durch die Benachrichtigung und Koordinierung generierten Mehraufwand steht ein Minderaufwand der Verwaltung durch die mögliche Unterstützung seitens Jagdausübungsberechtigter gegenüber. Die Relation von Minder- und Mehraufwand ist einzelfallabhängig und kann nicht beziffert werden.

5. Weitere Kosten

Sonstige Kosten für die Wirtschaft oder Kostenüberwälzungen, die zu einer Erhöhung von Einzelpreisen führen, und unmittelbare Auswirkungen auf das Preisniveau, insbesondere auf das Verbraucherpreisniveau, sind nicht zu erwarten.

6. Weitere Gesetzesfolgen

Auswirkungen der Regelungen für Verbraucherinnen und Verbraucher ergeben sich nicht. Der Gesetzentwurf hat keine gleichstellungsspezifischen Auswirkungen. Von dem Vorhaben sind keine demographischen Auswirkungen zu erwarten.

VII. Befristung; Evaluierung

Das Gesetz dient der Erleichterung der Anwendung der artenschutzrechtlichen Zugriffsverbote, insbesondere in Bezug auf den Wolf, und übernimmt mit dem

Fütterungsverbot eine bereits im Landesrecht bewährte Regelung. Eine Befristung der Gesetzesänderungen kommt nicht in Betracht. Eine Evaluierung erscheint nicht erforderlich.

B. Besonderer Teil

Zu Artikel 1 (Änderung des Bundesnaturschutzgesetzes)

Zu Nummer 1

Nummer 1 enthält redaktionelle Folgeänderungen aufgrund der Einfügung einer neuen Vorschrift in Kapitel 5 des Bundesnaturschutzgesetzes.

Zu Nummer 2

Die Änderung in Nummer 1 stellt klar, dass der Ausnahmegrund erfordert, dass der drohende oder bereits eingetretene Schaden »ernst«, d.h. mehr als nur geringfügig und damit von einigem Gewicht ist. Entgegen einer in Teilen der Rechtsprechung vertretenen Auslegung ist das Vorliegen einer unzumutbaren Belastung im Sinne des § 67 Absatz 2 Satz 1 jedoch nicht erforderlich, insbesondere bedarf es keiner Existenzgefährdung oder eines unerträglichen Eingriffs in das Recht am eingerichteten und ausgeübten Gewerbebetrieb. Die Regelung setzt die Erheblichkeitsschwelle des Artikels 16 Absatz 1 Buchstabe b der Richtlinie 92/43/EWG sowie des Artikels 9 Absatz 1 Buchstabe a, dritter Spiegelstrich der Richtlinie 2009/147/EG um, welche das Vorliegen »ernster« bzw. »erheblicher« Schäden fordern.

Durch den Einbezug von sonstigen ernsten Schäden sollen insbesondere Schäden an durch ausreichende Herdenschutzmaßnahmen geschützten Weidetieren von Hobbyhaltern erfasst werden.

Zu Nummer 3

§ 45a Absatz 1 Satz 1 sieht nach landesrechtlichem Vorbild und entsprechend Ziffer III. 12 des Beschlusses des Deutschen Bundestages (Bundestagsdrucksache 19/2981; Plenarprotokoll vom 28. Juni 2018, S. 4249) ein Fütterungsverbot für wildlebende Exemplare der Art Wolf vor. Das Füttern von Wölfen kann zu starker Gewöhnung an den Menschen führen und ist nicht zu tolerieren, da von derart konditionierten Wölfen eine Gefahr für Menschen ausgehen kann. Die wenigen beschriebenen Wolfsangriffe in Europa oder Nordamerika seit Mitte des letzten Jahrhunderts haben fast alle eine entsprechende Vorgeschichte. Die meisten Wölfe, die in diese Vorfälle involviert waren, zeigten zuvor ein stark an die Nähe des Menschen gewöhntes Verhalten. Daher erscheint ein gesetzliches Fütterungsverbot sinnvoll.

Satz 2 nimmt Maßnahmen der zuständigen Naturschutzbehörde von dem Verbot aus. Satz 3 bestimmt, dass die Regelung des § 45 Absatz 5, wonach es vorbehaltlich jagdrechtlicher Vorschriften zulässig ist, verletzte, hilflose oder kranke Tiere aufzunehmen, für den Wolf keine Anwendung findet. Eine Aufnahme verletzter Wölfe durch Private ist aufgrund des Risikos einer Gewöhnung an den Menschen nicht angemessen.

Absatz 2 Satz 1 stellt klar, dass zur Abwendung drohender ernster landwirtschaftlicher Schäden durch Nutztierrisse erforderlichenfalls auch mehrere Tiere eines Rudels oder auch ein ganzes Wolfsrudel entnommen werden können. Damit eine Maßnahme dem Ausnahmegrund des § 45 Absatz 7 Satz 1 Nummer 1 zugeordnet werden kann, muss sie geeignet sein, Schäden vorzubeugen, sie zu vermeiden oder zu verringern. Auch ergibt sich bereits aus allgemeinen Erwägungen des Gefahrenabwehrrechts, dass grundsätzlich das schadensverursachende Tier selbst zu entnehmen ist. Es muss mit hoher Wahrscheinlichkeit ausgeschlossen werden, dass es sich etwa um einen Riss durch Hunde oder um eine bloße Nachnutzung durch den Wolf handelt.

Nicht immer lassen sich bereits eingetretene Schäden durch genetische Untersuchungen einem bestimmten Tier eines Rudels eindeutig zuordnen. Auch kann der schadensverursachende Wolf bzw. die schadensverursachenden Wölfe trotz eindeutiger genetischer Zuordnung bei Fehlen besonderer, leicht erkennbarer äußerer Merkmale (z.B. besondere Fellzeichnung) nicht in der Landschaft erkannt und von anderen Wolfsindividuen unterschieden werden. In diesem Fall ist zur Entnahme des schadensverursachenden Wolfes lediglich eine Anknüpfung über die enge zeitliche und räumliche Nähe zu bisherigen Rissereignissen möglich. Nach einer so begründeten Entnahme eines Einzeltieres muss abgewartet werden, ob mit der Entnahme die Nutztierrisse aufhören bzw. soweit möglich mittels genetischer Untersuchung ermittelt werden, ob tatsächlich das schadensverursachende Tier entnommen wurde. Wenn dies nicht der Fall ist, dürfen sukzessive weitere Wölfe getötet werden, bei denen die vorgenannten Bedingungen vorliegen. Dies kann im Einzelfall bis zur Entnahme des gesamten Rudels gehen.

Gemäß Absatz 2 Satz 2 gilt die in Absatz 2 Satz 1 geregelte Möglichkeit des Abschusses weiterer Wölfe auch für Entnahmen im Interesse der Gesundheit des Menschen nach § 45 Absatz 7 Satz 1 Nummer 4. Dies ist insbesondere in Fällen bedeutsam, in denen ein Wolf einen Menschen verletzt, ihn verfolgt oder sich ihm gegenüber unprovoziert aggressiv gezeigt hat. Die weiteren Voraussetzungen des § 45 Absatz 7 für die Ausnahmeerteilung sind zu beachten.

Absatz 3 sieht vor, dass Wolfshybriden durch die zuständige Behörde der Natur zu entnehmen sind. Hybride stellen durch die Einbringung von Haustiergenen in die Wildtierpopulation eine Gefahr für die Wildtierpopulation dar. Die IUCN listet Hybridisierung als einen der Faktoren, der die Zuordnung einer Art zu einer der Rote-Liste-Kategorien »vom Aussterben bedroht«, » gefährdet » oder »verwundbar«, rechtfertigt. In der Empfehlung Nr. 173 (2014) des Übereinkommens über die Erhaltung der europäischen wild lebenden Pflanzen und Tiere und ihrer natürlichen Lebensräume (Berner Konvention) werden die Vertragsparteien der Berner Konvention, zu denen auch Deutschland gehört, daher aufgefordert, die staatlich kontrollierte Entfernung von nachgewiesenen Wolf-Hund-Hybriden aus wilden Wolfspopulationen sicherzustellen.

Vor einer Entnahme muss anhand einer morphologischen Beurteilung durch Fachleute und/oder molekulargenetischer Untersuchungen zweifelsfrei nachgewiesen worden sein, dass es sich bei dem betroffenen Tier um einen Hybriden handelt. In Deutschland sind in den vergangenen 20 Jahren lediglich zwei Wolf-Hund-Hybridisierungsereignisse nachgewiesen worden, einmal im Jahr 2003 und einmal im Jahr

2017. Wolfshybride, bei denen in den vier vorhergehenden Generationen in direkter Linie eine oder mehrere Exemplare der Art Wolf vorkommen, sind vom Schutz des § 44 Absatz 1 erfasst. § 45a Absatz 3 sieht daher eine Legalausnahme von den Verboten des § 44 Absatz 1 Nummer 1 und Nummer 3 vor. Bei erwachsenen Tieren wird in der Regel nur ein Abschuss in Betracht kommen. Dies ergibt sich bereits daraus, dass die dauerhafte Haltung eines in freier Wildbahn aufgewachsenen Tieres in Gefangenschaft zu länger andauernden, erheblichen Leiden bei dem Tier führen kann, wenn es sich – so auch die bisherigen Erfahrungen zum Wolf – um eine Tierart handelt, die sich an ein Leben in Gefangenschaft nicht anpassen kann.

Absatz 4 regelt die Mitwirkung von Jagdausübungsberechtigten im betroffenen Gebiet bei der Entnahme von Wölfen in Durchführung einer nach § 45 Absatz 7 erteilten artenschutzrechtlichen Ausnahme auf freiwilliger Basis. Soweit Jagdausübungsberechtigte ihr Einverständnis erteilen, sind sie durch die für Naturschutz und Landschaftspflege zuständige Behörde bei der Bestimmung geeigneter Personen nach Möglichkeit vorrangig zu berücksichtigen. Satz 2 stellt in Konkretisierung von § 65 klar, dass die Jagdausübungsberechtigten eine Entnahme durch von der Naturschutzbehörde beauftragte Dritte zu dulden haben. Nach Satz 3 sind die Jagdausübungsberechtigten in geeigneter Weise zu benachrichtigten und ihnen ist nach Möglichkeit Gelegenheit zur Mitwirkung an der Entnahme zu geben. Die Benachrichtigung soll möglichst vor Beginn der Maßnahmen erfolgen, hiervon kann insbesondere in Eilfällen abgesehen werden.

Zu Nummer 4

Durch den neuen § 69 Absatz 2 Nummer 5a werden vorsätzliche Verstöße gegen das Fütterungsverbot des § 45a Absatz 1 Satz 1 als Ordnungswidrigkeit geahndet.

Zu Artikel 2 (Inkrafttreten)

Artikel 2 regelt das Inkrafttreten des Gesetzes. Die getroffenen Regelungen betreffen das Recht des Artenschutzes nach Artikel 72 Absatz 3 Satz 1 Nummer 2 GG sowie eine sich hierauf beziehende Anpassung im Bereich der Ordnungswidrigkeiten und können daher sofort nach Verkündung in Kraft treten.

Stand: 21.5.2019 15:03

Frei lebender Wolf in Deutschland, nachdem er einen Teich durchquert hat.
Wölfe haben keine Angst vor Wasser und sind gute Schwimmer.
Bild von Heiko Anders

Ein frei lebender Wolf beobachtet
aufmerksam seine Umgebung.
Fotograf: Heiko Anders

MEIN BESUCH IN DER ORANIENBAUMER HEIDE

Nachfahren
des Urrinds,
inmitten
blühender
Heide

WIEDER BIN ICH IN SACHSEN-ANHALT, ...

… diesmal in der Oranienbaumer Heide. Christian Emmerich ermöglicht mir die Besichtigung des Kerngebiets des alten Truppenübungsplatzes, das normalerweise Sperrgebiet für Besucher ist. Unwegsames Gelände, vergrabene Munition und wuchernde Bäume. 2009 wurde das ehemals für militärische Übungen genutzte Gelände zum Nationalen Naturerbe erklärt. Niemand konnte damals vorhersehen, wie sich dieses rund 2700 Hektar große Areal entwickeln würde. Mittlerweile ist es zu einem beliebten Naherholungsgebiet geworden und beherbergt einige der artenreichsten Flächen der Region. Das größte zusammenhängende Weidegebiet des Landes hat sich zu einer wunderschönen Heidelandschaft gemausert, mit Tausenden gelb blühenden Sandstrohblumen, silbern schimmernden Birkenbäumchen, kleinen Kiefern. Vogelgezwitscher liegt in der Luft, und überall summt und brummt es. Durchwandern kann man das Gebiet nur auf den markierten Wegen, denn hier liegen überall noch Kampfmittel im Boden, das Verlassen der Wege wäre also äußerst gefährlich. Ein ehemaliges Militärgebiet wird für eine friedliche Nutzung zurückerobert, von der Natur.

Da man hier nicht mit schwerem Gerät mähen kann, machte man die Heidelandschaft kurzerhand zur Weide: 30 Kilometer Weidezäune umgeben nun 800 Hektar Fläche, auf der sich jetzt ganzjährig 50 Konikpferde und ebenso viele Heckrinder frei bewegen und die Kulturlandschaft sozusagen futternd erhalten. Das riesige Gebiet besitzt eine ungemeine Weite und Schönheit. Pflanzen- und Tierarten haben sich angesiedelt, die in anderen Regionen selten geworden sind: Berg-Haarstrang, Heidenelke und Silbergras sowie Wiedehopf, Heidelerche und Ziegenmelker.

Zwei Heckrinder, entfernte Verwandte des Auerochsen, in der Oranienbaumer Heide. Fotografie: Christian Emmerich

Wir sind natürlich wegen der Wölfe unterwegs. Fotofallen müssen neu bestückt werden, und neben der Besichtigung der Heide und des Beweidungsprojekts machen wir uns auf Spurensuche. Tatsächlich werden wir fündig, was aufgrund des sandigen Bodens und der Trockenheit durch das extreme Klima dieses Sommers eher ein Glücksfall ist. Die Spuren sind eindeutig, und es ist sogar der für Wölfe eindeutige Schnürtrab zu erkennen. Beim geschnürten Trab setzen die Tiere die Hinterpfoten in die Abdrücke der Vorderpfoten derselben Körperhälfte. Mit dieser sehr energiesparenden und ausdauernden Gangart bewältigen Wölfe oft weite Strecken. Auf ihren Wanderungen legen sie bis zu 80 Kilometer am Tag zurück, das haben verschiedene Studien, bei denen einzelne Tiere mit Sendern versehen wurden, gezeigt. Christian muss für das Monitoring die Trittsiegel und Fährten vermessen: Wie lang und breit ist der einzelne Pfotenabdruck, wie groß der Abstand zwischen den einzelnen Schritten? In unserem Fall erkennen wir unterschiedlich große und tiefe Abdrücke und Schrittlängen. Also sind hier ein Elterntier und ein Jungwolf unterwegs gewesen.

Seit 2013 ist die Oranienbaumer Heide das Kerngebiet eines Wolfsreviers, in dem sich ein Wolfsrüde und eine Fähe aufhalten. Im Frühjahr 2017 konnten zum ersten Mal Welpen nachgewiesen werden. Auch 2018 und 2019 wurden hier in Sachsen-Anhalt kleine Wölfe von einer Fähe großgezogen, die aus dem Rudel Welzow in Brandenburg stammt. Der Vater ist ein Nachkomme des Rudels Spremberg in Sachsen.

Hier in der Heide ist der Einsatz eines wolfsabweisenden Zauns oder von Herdenschutzhunden aus verschiedenen Gründen nicht möglich. Einer davon ist die riesige Größe der Weidefläche, für die man einen viele, sogar sehr, sehr viele Kilometer langen Zaun benötigte. Und wenn man weiß, dass ein stromführender Zaun nur dann funktioniert, wenn der Bewuchs kurz gehalten wird, dann versteht man ein bisschen, welchen Aufwand das erforderte: Gräser und Co. wachsen innerhalb kürzester Zeit in die Höhe, berühren die unterste Litze und unterbrechen so den Stromkreis. Jeder Gartenbesitzer weiß, wie schnell Gras wachsen kann, und wenn man sich das auf dieser Riesenfläche vorstellt, bekommt man eine Idee von der Herausforderung.

Hier gibt es also keinen Herdenschutzzaun. Das führte dazu, dass 2017 und 2018 ein sehr junges Fohlen von Wölfen gerissen wurde. Auch wenn die Stuten andere Angriffe der Wölfe abwehren konnten, zeigte sich doch, dass diese bestimmte Situationen

Ich kontrolliere eine Fotofallenkamera und helfe Christian Emmerich beim Vermessen einer Wolfsspur vom geschnürten Trab in der Oranienbaumer Heide. Fotos: Christian Emmerich

Frei lebender Wolf spitzt aufmerksam die Ohren (links). Foto: Heiko Anders. – Heckrind und Konikpferd, ein dem Urpferd verwandtes Tier, in der Oranienbaumer Heide (oben), zwei Fotografien von Christian Emmerich.

Frei lebender Wolf im dicken Winterfell und mit dem ganz typisch herabhängenden Schwanz. Foto: Heiko Anders.

ausnutzen, um an die für sie sehr leichte Beute zu gelangen. Mittlerweile ist die Jungtierzucht auch aus anderen Gründen an einen anderen Standort verlegt. Als Christian später die Fotofallen auswertet, entdeckt er auf einem der Fotos unseres Besuchstages tatsächlich einen Wolf.

Wir treffen uns mit Peter Poppe, dem Weidemanager. Peter Poppe und sein Mitarbeiter kennen sich im Gebiet besonders gut aus, sind hier täglich unterwegs und haben immer auf dem Schirm, wo sich die Pferde- und Rinderherden gerade befinden. Er führt uns zu einer Fläche, auf der inmitten dieser einmalig schönen Heidelandschaft Heckrinder und Konikpferde gemeinsam stehen. Was für ein Anblick! Ich bin von dieser Weite und ihrer archaischen Ausstrahlung tief berührt und fasziniert. Und das mitten in Deutschland!

Mit ihrer braunen Farbe und ihren imposanten Hörnern sind Heckrinder sehr besondere Rinder, die sich hier frei bewegen. Ich habe auch das große Vergnügen, den Konikpferden, die ich schon im Wildpark Schorfheide beobachten konnte, näher zu kommen. Sie stehen ganz relaxt in einem kleinen Birkenwäldchen und grasen. Ich bin sehr gespannt, wie sich dieses Gebiet entwickeln und welche Lösung man für die Munitionsbelastung finden wird.

Christian und ich ziehen dann noch weiter unsere Kreise und erforschen das Terrain, in dem es seit Jahren regelmäßig Wolfssichtungen gibt. Er führt mich auch zu Resten ehemaliger Behausungen, die teilweise noch aus der Zeit vor dem Krieg stammen. Auf unserem Weg entdecken wir eine Vielzahl von seltenen Insekten, Amphibien, Vögeln und Pflanzen, die hier ein neues Zuhause gefunden haben. Eine imposante Landschaft, die in Zeiten des Artensterbens zu neuer Blüte erstrahlt.

Ein frei lebender Wolf überquert einen Waldweg. Im Profil kann man den typischen, dunklen Sattelfleck gut erkennen. Foto: Heiko Anders

UNTER WÖLFEN

Neugierig
die große,
neue Welt,
erkunden.

14. JULI, EIN SONNTAG.

Um drei Uhr nachts aufstehen. Das gibt es manchmal auch beim Drehen, bei späten Nachtaufnahmen. Mein Hund Bruno ist etwas verwundert. Ein Kaffee muss sein, gerade um diese Zeit. Dann Sachen packen und möglichst nichts vergessen, vor allem die Kleidung, denn es sieht nach Regen aus. Festes Schuhwerk und Regenjacke also. Ich gebe zu, ich bin aufgeregt. Ich bin um 5 Uhr mit Heiko Anders, seines Zeichens Tierfotograf, verabredet. Die letzten Wochen war es reichlich heiß, zum Teil über 30 Grad Celsius. Heute hingegen ist es bewölkt und am Morgen noch frisch und kühl.

Treffpunkt ist eine Autobahntankstelle. Heiko hat gerade ein wunderschönes Buch mit sensationellen Fotos über die frei lebenden Wölfe Deutschlands geschrieben: »Das Leben unserer Wölfe: Beobachtungen aus heimischen Wolfsrevieren«. Das Buch ist sein persönlicher Rückblick auf seine mehrjährige Arbeit im Wolfs-Monitoring in verschiedenen Territorien. Ich hatte das Vergnügen, ein Grußwort beizusteuern. Bei der Premiere des Buchs, das der NABU herausgegeben hat, haben wir uns kennengelernt.

Heute werden wir zusammen einen Wald besuchen, in der Hoffnung, die vorsichtigen Tiere zu sehen, möglicherweise auch Welpen, denn gerade zu dieser Zeit haben sie schon die Wurfhöhlen verlassen. Ich bin gespannt. Heiko bringt für mich eine zweite Kamera und grünbefranste Tarnkleidung mit. Bruno, mein kleiner Mischlingshund, ist selbstverständlich an der Leine. Wir treffen beide pünktlich ein, parken mein Auto und steigen dann bei Heiko zu. Das Abenteuer beginnt.

Als wir das Zielgebiet erreichen und das Auto ausschalten, ist es draußen still. Es ist Sonntagmorgen in einem Wald, der nun nach und nach erwacht. Wir hören das Knacken und leise Ächzen der Bäume, den leichten Wind und viele Geräusche, die ich nicht zuordnen kann. Als sich meine Ohren an die friedliche Ruhe

Wie auch bei jungen Hunden wirken die Pfoten eines Wolfswelpen viel zu groß für den Rest des Körpers. Das Bild gelang Heiko Anders.

gewöhnt haben, ist es lauter als erwartet. Mehr und mehr nehme ich die einzelnen Geräusche wahr. Als Erstes fallen mir die immens vielen verschiedenen Laute auf, die offensichtlich von Vögeln stammen – ein Piepsen, Gurren, Schnalzen und Pfeifen. Ihre Gesänge echoen weit durch den morgendlichen Wald. Ein Versuch der Vogelbestimmung muss aber warten, wie haben ja andere Pläne.

Wir steigen aus dem Auto und müssen nun bis zum Aussichtspunkt noch einige Kilometer laufen. Heiko drückt mir Kamera und Tarnkleidung in die Hand. Ich streife mir den grünen Overall über und hänge mir den Fotoapparat um den Hals. Los geht's. Heiko bittet mich, auf dem Weg leicht in Deckung zu bleiben, es kann jeden Moment zu einer Sichtung oder einem Zusammentreffen kommen.

Aufgrund meiner Erfahrungen und Recherchen weiß ich, dass Sichtungen sehr selten und schon gar nicht verlässlich planbar sind. Selbst Gesa Kluth und Ilka Reinhardt vom wildbiologischen Institut LUPUS, die die Rückkehr der Wölfe nach Deutschland seit der ersten Rudelbildung in Sachsen wissenschaftlich begleiten, haben erst nach Jahren ihrer Arbeit Wölfe zu Gesicht bekommen. Ich war vor vielen Jahren bei den beiden zu Besuch, als wir eine »Homestory« fürs Fernsehen drehten. Damals beeindruckten mich schon zutiefst die Wolfsspuren, die wir zusammen im Sand fanden und dokumentierten. Meine Erwartungen in Sachen Wolfssichtung halten sich heute daher in Grenzen. Trotzdem bin ich hoffnungsvoll. Wir teilen uns auf. Heiko verschwindet hinter einem Baum, mich lässt er mit Bruno auf einem Hochsitz mit Equipment zurück. Nachdem ich für mich und Bruno eine bequeme Position gefunden habe, lausche und schaue ich in den Wald hinein. Es ist bewölkt und grau, und nur die Tierstimmen und Geräusche durchbrechen die Stille.

Dass Wölfe hier in der Gegend unterwegs sind, ist sicher, aber wo genau, ist kaum zu sagen. Die ersten zwei Stunden geschieht nichts. Trotzdem bin ich erwartungsvoll auf den Wald konzentriert. Plötzlich sind da neue Geräusche, ein Bellen und Winseln. Oder ist das nur meine Fantasie, die mir einen Streich spielt?

Während ich aufmerksam und so unauffällig wie möglich auf meinem Beobachtungsposten sitze und die Umgegend scanne, nehme ich ständig Bewegungen, Schatten, mögliche Körperteile oder Bewegungen von Pflanzen um mich herum wahr. Wahrscheinlich ist mein Wunsch, einen frei lebenden Wolf zu sehen, so stark, dass mir mein Unterbewusstsein Streiche spielt und mir imaginäre Bilder vorgaukelt, ähnlich einer Fata Morgana in der Wüste.

Aber ich bin mir sicher, ich höre da etwas – und ich glaube, auch Bruno ist stiller geworden und wittert schon etwas. Er verschwindet immer weiter in die Ecke unseres Ausgucks. Nein, ganz sicher, da ist doch ein Bellen, Winseln und leises Geraschel? Aber nichts zu sehen, nichts Konkretes, nur Gaukeleien meiner Fantasie und Sehnsucht. Mögen die Wölfe sich doch zeigen. Die Zeit vergeht wie klebriger Honig, nichts, nur ab und zu Geräusche und dazwischen Trugbilder meines Gehirns, das einen Ausweg aus der angespannten Ruhe und Stille sucht. Aber das Wissen um die Anwesenheit der Wölfe ist mir schon genug. Wir harren noch weitere Stunden aus, dann lasse ich meinen Hund Bruno am Ausguck zurück und mache mich auf den Weg zu Heiko.

Ich: »Na, was meinst du?«
Heiko: »Naja, ich war mir eigentlich ziemlich sicher.«
Ich: »Ja, aber deshalb heißt das ja auch Natur, weil sie ein Eigenleben hat und nicht immer planbar ist. Ich fand es trotzdem sehr spannend.«
Heiko: »Gesehen habe ich sie nicht, aber ich glaube gehört.«
Ich: »Echt? Den Eindruck hatte ich auch, ist ja cool.«
Heiko: »Wirklich?«

Dann strecken wir die Glieder, schultern unsere Sachen. Selten habe ich mich stundenlang so wenig bewegt. Ich hole Bruno, der schon sehnsüchtig wartet, und wir machen uns alle drei auf den Rückweg.

Danke für diesen Morgen unter Wölfen!

Wolf im Wisentgehege Springe,
fotografiert von Thomas Henning.

VISION 2

Wo geht
es lang?
Der Weg ist das
Ziel

ES REGNET …

… wieder einmal, ein schweres Gewitter zieht über die Stadt, nach Temperaturen von über 38 Grad Celsius. Letzte Woche hatten wir noch Bodenfrost, außerdem brennt der Grunewald wegen Trockenheit.

Wir hatten Europawahl, der ich mit Sorge und besonderem Interesse entgegensah. Andrea Nahles hat das Handtuch als SPD-Chefin geworfen, samt aller Ämter, kompletter Rückzug aus der Politik. Die Parteifreunde haben sich nach der verlorenen Europawahl wohl »äußerst solidarisch« verhalten. Für die Christlichen lief es keineswegs besser. Hatte ich immer befürchtet: Wer Parteifreunde hat, braucht keine Feinde.

Wie sollen solche Menschen unsere Welt retten? Ein wichtiges Thema neben Geld und Wirtschaftswachstum sind für mich dabei Begriffe wie Integrität, Freude, Hoffnung und Zuversicht. Die Lebenskultur, der Sinn unseres Daseins, geht verloren, mehr und mehr. Sind wir alle nur noch Nummern im Spiel der Banken, Konzerne und ihrer Handlanger aus der Politik? Mein Eindruck ist: Die Strippen in diesem Land werden schon lange nicht mehr von der Politik, sondern von den Lobbyisten aus der Wirtschaft gezogen.

Aus lauter Neid und Frust über den Wahlerfolg der Grünen bei der Europawahl haben die »großen« Volksparteien in ihren Kommentaren im *real life* und in den sozialen Medien die Umweltpolitik runtergeputzt. Wer so schändlich mit diesem aktuellen und wichtigen, für uns alle existenziell wichtigen Thema umgeht, zeigt mir, dass er nichts verstanden hat. Wenn Wissenschaft so nachhaltig ignoriert wird, aus welchem Antrieb handeln diese Menschen dann wohl? Ich frage mich, ob die Politik den Klimawandel, die Wetterphänomene und Umweltkatastrophen und auch die daraus resultierenden Kosten der letzten Jahre wirklich mitbekommen hat. Wenn sich schon Versicherungen auf mehr Schäden aufgrund

Ein Welpe nimmt aufmerksam die große neue Welt wahr. Auch diese Aufnahme eines frei lebenden Wolfswelpen gelang Heiko Anders.

des Klimawandels einstellen – was muss dann bitte noch geschehen, um auf die Warnungen der Klimatologen zu hören und entsprechend zu reagieren?

Wird hier unser aller Gemeinwohl wirklich bedacht? Was haben all die teuren Empfänge und Klimagipfel der vergangenen Jahre gebracht, oder waren sie nur Alibiveranstaltungen ohne tieferen Sinn auf Kosten der Steuerzahler? Was ist mit all den wissenschaftlichen Erkenntnissen und Forschungsergebnissen der letzten Zeit, wenn man sich dann hinsetzt und sie lapidar und desinteressiert abtut, wenn man nicht wirklich zu den wichtigen Themen und Zukunftsfragen steht? Warum geht man die Probleme nicht nachhaltig an, sondern verschiebt sie ständig oder lässt vereinzelt überraschende »Schnellschüsse« los, die sich rasch als wenig durchdacht und geprüft entlarven. Das große Problem scheint mir, dass die Politik auf Stimmensuche geht und teilweise die durchaus vorhandenen kompetenten Fachleute außen vor lässt. Anders sind bestimmte Entscheidungen nicht zu erklären. Nach meinem Eindruck hat unsere Landwirtschaftsministerin, Frau Klöckner, kaum Verbindung zu Land, Umwelt, Natur und Artenschutz, dafür aber mit Sicherheit zu Nestlé, wie ein im Sommer 2019 gepostetes Video auf ihren Social-Media-Accounts ja deutlich zeigte.

Wir befinden uns im sechsten großen Artensterben, diesmal von Menschenhand gemacht, kontinuierlich, mit Vorankündigungen und zum Mitschreiben. Der Wolf ist zum Abschuss freigegeben und alles auf Null.

Ich gebe zu, der Erfolg der Grünen bei der Europawahl hat mich gefreut. Was ich bis heute allerdings bedauere, ist die Namensgebung. Die macht es den Gegnern so leicht, die Partei noch immer nicht ernst zu nehmen. »Die Grünen«, das hört sich für mich ein bisschen nach Vorschulgruppe an, nach Waldorfkindergarten, wo man seinen Namen tanzen soll, aber ignorante Wichtigtuer mit Wachstumsprognosen und Gewinnmaximierung im Kopf und Einheitsanzug am Körper als Gegner hat.

Als ich bei den Gründungsveranstaltungen der Berliner Grünen war, hieß das Ganze bei uns »Alternative Liste für Demokratie und Umweltschutz«. Das war am 5. Oktober 1978. 1993 ging diese Liste im Bündnis 90/Die Grünen auf. Ich trauere dem alten Namen immer noch ein wenig nach, weil er für mich ein anderes, klares, handfestes Format hatte und sich nicht so nach Kinderfreizeit anhörte. Dieses Gefühl hat aber möglicherweise mit den aktuellen politischen Entwicklungen in unserem Land sowie in ganz

Europa und weiten Teilen der Welt zu tun. Damit Sie mich nicht falsch verstehen, nichts gegen Kinderfreizeiten, ich habe eine Zeitlang als Erzieher gearbeitet und an Kinderfreizeiten und den Kids immer viel Freude gehabt. Aber dafür steht die Politik in diesen Zeiten wohl kaum, und Platz ist dafür in dieser Schlangengrube auch nicht. Und das Wort »Alternative« ist für mich seit der jüngeren Vergangenheit eh verbrannt.

Dieser bekannte CSU-Kandidat, den ich vor vielen Mikrofonen sah, grinste zwar ständig, aber zum Thema Umweltschutz, Artenschutz, Klimawandel sah er dann plötzlich erstmalig ziemlich betrübt aus und gewann erst Oberwasser, als er das Thema in den Dreck ziehen konnte. Unangenehm und unter seiner Würde schien seine Haltung zu diesem Thema zu sein. Nach allen Beobachtungen

Mit fokussiertem Blick – frei lebender Wolf in Deutschland.
Foto: Heiko Anders

bin ich mir sicher, dass die üblichen Köpfe der Parteien uns nicht helfen werden, geschweige denn die Rechten, die in ganz Europa wieder salonfähig geworden sind und frei sprechen dürfen. Auch der Erfolg des Rechtspopulismus basiert nach meinem Eindruck auf nicht nachhaltig und solidarisch kommunizierten und gelösten Problemen. Anders ist es vermutlich nicht zu erklären, dass ich teilweise AFD-Protestwähler getroffen habe, die sicherlich nicht mit braunen Hemden, blondem Seitenscheitel und blauen Kontaktlinsen rumlaufen möchten. Verkehrte Welt!

Der Grunewald brennt noch immer – und mir brennen immer mehr Fragen auf den Nägeln. Nach meinem Empfinden sind das Thema Wolf und weitere aktuelle Themen nicht voneinander zu trennen, sondern haben ähnliche Ursachen und Hintergründe. Doch wohin das Auge blickt oder man das Ohr hält in Europa, nur teure Events mit militärischen Ehren und Blasmusik, die scheinbar nichts bewegen und nur zum Selbstzweck genutzt werden. Integrität und echtes Engagement sehen für mich anders aus.

In der Woche vor dem Europaspektakel macht die Kanzlerin das Thema Wolf zur Chefsache. Zack!, geht ein bisher umstrittener Plastikmüll-Entwurf des Bundesumweltministeriums durch, und auf der anderen Seite darf sich das Landwirtschaftsministerium über den Entwurf zu erleichterten Wolfsabschüssen freuen. Na, herzlichen Glückwunsch!

Begleitend zum Schreiben lese ich das Buch »Der Ruf der Wolfsfrau« von Renée Askins. Es handelt von den zwanzigjährigen Bemühungen und Auseinandersetzungen bis zur Wiederansiedlung der Wölfe im Yellowstone-Nationalpark in den USA. All die Verhandlungen, persönlichen Entwicklungen und Rückschläge, von denen Renée Askins berichtet, die nötig waren, um dieses Projekt erfolgreich umzusetzen! Vergleichen wir ihre Erfahrungen mit den Diskussionen in Deutschland über die Rückkehr der Wölfe, muss ich feststellen, dass sich letztendlich die Probleme, Positionen, Ängste und Vorbehalte während der Jahre offenbar weltweit kaum verändert haben. Obwohl »Der Ruf der Wolfsfrau« bereits 2004 erschien, beschreibt es dieselben Aspekte und Argumente, die sich nicht weiterentwickelt haben in all der Zeit, seit dem Projektbeginn in den Achtzigerjahren. Dabei geht es um unser Verhältnis, unsere generelle, ethische Umgangsweise mit Natur, Tieren und Wildnis.

Ich würde Ihnen so gerne vorlesen aus diesem wundervollen Buch und Sie an meinem Kopfnicken und den Bildern teilhaben lassen, die ich bei seiner Lektüre so berührend empfand. Die Erzählungen sind von einer so tiefen Erkenntnis, erlebtem Wissen, Sehnsucht, Hoffnung und Herzenswärme erfüllt, dass es mir hilft, mit der tiefen Enttäuschung über die politische Entscheidung des erleichterten Abschusses klarzukommen und weiterzuschreiben, um einen Platz für meine Hoffnung zu verteidigen in einer erkenntnisarmen und entwicklungsresistenten Welt, die sich für mein Empfinden allgemein in einem besorgniserregenden und ziemlich hoffnungslosen Zustand befindet.

Was in mir nach der Lektüre des Buches nachklingt, ist ein Absatz zum Thema persönliche Betroffenheit. Dabei sagt Renée Askins, und ich versuche den Inhalt ihres Standpunktes sinngemäß wiederzugeben:

An vielen Stellen meines Lebens habe ich immer wieder den Satz hören müssen: Nimm das nicht so persönlich. Aber wie kann das funktionieren? Für mich sind bestimmte Erlebnisse, Ereignisse oder auch Entscheidungen persönlich, weil sie mein Leben, meine Träume und Hoffnungen betreffen. Gerade weil sie mich emotional berühren oder meinem Herzen entspringen, setze ich mich für sie ein, engagiere mich und mache mich stark. Ohne persönliche Verbindung sind Entscheidungen beliebig und oft wenig authentisch. Entscheidungen, getroffen von teils unbeteiligten Verwaltern der Politik, denen es dabei nicht immer um die Sache, sondern oft um ihren und/oder den parteilichen, vielleicht aber auch finanziellen Vorteil geht, scheinen mir mittlerweile akzeptierter Alltag geworden zu sein. Das macht Entscheidungen leicht und flexibel, aber leider wenig authentisch. Sprich, vor lauter Beliebigkeit und Kompromissfähigkeit erkennt man sich schnell selbst nicht wieder, ist mit den Themen nicht verbunden, nicht persönlich betroffen, und damit aber auch selten verantwortungsbewusst, geschweige denn verantwortungsvoll.

Auf europäischer Ebene gehört der Wolf zu den am strengsten geschützten Arten. Schon 1978 wurde er in die Berner Konvention aufgenommen und unter den Schutz der FFH, der Fauna-Flora-Habitat-Richtlinien gestellt. Seit der Wiedervereinigung stehen Wölfe in ganz Deutschland unter Schutz. Und somit gelang es ihnen, sich im Jahr 2000, aus Polen kommend, in Sachsen anzusiedeln. Zu DDR-Zeiten konnte und sollte jeder eingewanderte Wolf geschossen werden, was auch prompt erfolgte. Indem man sie in Deutschland unter Schutz stellte, gab man den Tieren die Chance auf eine Wiederbesiedlung ihrer früheren Lebensräume – und sie nahmen die Gelegenheit wahr! Laut letztem Monitoringbericht der DBBW, der Dokumentations- und Beratungsstelle des Bundes zum Thema Wolf, lebten im Jahr 2018 in Deutschland 73 Wolfsrudel, 30 Paare und drei territoriale Einzeltiere. Die Population wächst also und hat sich mittlerweile auf sieben Bundesländer ausgedehnt. Allerdings sind die Zahlen der illegalen Wolfstötungen mehr als alarmierend: Allein 2018 wurden acht Wölfe mit Schussverletzungen tot aufgefunden.

Auch heute ist es nach wie vor eine Straftat, einen Wolf abzuschießen – es sei denn, es besteht Gefahr für Leib und Leben und man handelt aus Notwehr. Das scheint aber einige nicht davon abzuhalten, einen Wolf mal eben so zu töten. Seit ihrer Rückkehr hat man fast 40 Wölfe gefunden, die nachgewiesenermaßen illegal getötet wurden. Und die Dunkelziffer dieser Taten liegt sicher deutlich höher. So weiß man aus Untersuchungen, dass immer wieder Wölfe zum Beispiel bei Verkehrsunfällen zu Tode kommen, die Schrotkugeln im Körper haben. Sie wurden also zu Lebzeiten beschossen, haben das aber überlebt.

Neben der Bedrohung durch menschliche Bejagung ist übrigens der Straßenverkehr die größte Gefahr für die Wölfe: Seit dem Jahr 2000 sind über 200 Tiere auf Straßen und Gleisen zu Tode gekommen. Dazu kommt die natürliche Sterblichkeit, die im ersten Lebensjahr bei etwa 50 Prozent liegt.

Jeden Tag neue Schlagzeilen zum Wolf, oft negativ und reißerisch. Vielleicht motiviert das den ein oder anderen, den Finger am Abzug zu betätigen? Offensichtlich sind einige Medien daran interessiert, fleißig an dem schlechten Image der Tiere mitzuwirken, zu polarisieren und damit mehr Auflage und Reichweite zu erzielen. Nicht nur hinter vorgehaltener Hand äußern Journalisten, dass sich vereinfachte und dramatische Schlagzeilen besser verkaufen. Und nur darum geht es, um gute Verkaufszahlen. Tage später, wenn es kaum noch jemanden interessiert, folgen dann die Auflösungen der Schlagzeilen, und die sind oft ziemlich interessant.

Frei lebende Wölfe spielen und toben am Seeufer,
fotografiert von Heiko Anders

Ein Highway nach Norden in den Weiten der Northwest Territories im November 2000 aufgenommen nach Süden blickend von Michael Duftschmid

DER KARPATENWOLF

Danke,
dem Bruder
im Geiste!

LIEBE LESERINNEN UND LESER!

Christoph Promberger ist Wildbiologe und Wolfsforscher der Wildbiologischen Gesellschaft München. Er ist Koordinator für den Wolf bei einem Großsäugerschutzprojekt in Rumänien und Buchautor. Bekannt geworden ist Christoph durch den Film »Herr der Wölfe«, der im Jahr 2002 auf 3sat ausgestrahlt wurde und seine damalige Arbeit dokumentierte. Ich hatte das große Vergnügen, ihn bei den Dreharbeiten für die MDR-Produktion »Schüsse in der Wolfsheide« persönlich zu kennenzulernen. In der Produktion ging es um illegale Tötungen von Wölfen in Sachsen und Sachsen-Anhalt. Ich war dort als investigativer Ermittler unterwegs.

Drei Tage war ich in Rumänien, wo wir ein gemeinsames Interview hatten. Außerdem verbrachten wir die Zeit zwischen den Drehorten in Christophs Wagen und führten unglaublich viele spannende Gespräche über den Winter im Yukon, Freundschaften zu den *First Nations*, die interessanten Entwicklungen beim Großraumschutzprojekt in den Karpaten und selbstverständlich über die Entwicklung der Rückkehr der Wölfe in unserer beider Heimat. Für Christoph haben unter den Tieren die Wölfe den größten Einfluss auf die Kulturgeschichte der Nordhalbkugel. Diese Einschätzung teile ich, und so bin ich sehr froh, dass sich Christoph nach drei Jahren, in denen wir gar keinen Kontakt mehr hatten, sofort bereit erklärte, einen Gastbeitrag für mein Buch zu schreiben. Er seinerseits findet es toll, dass ich dem Thema Wolf treu geblieben bin. Dieses Treffen in meinem Buch freut mich deshalb umso mehr. Danke!

Ein frei lebender Jungwolf in Deutschland. Wittert er etwas?
Foto: Heiko Anders

KARPATENWOLF

Von Christoph Promberger

Die Geschichte beginnt eigentlich vor knapp 30 Jahren. Ich war von einem einjährigen Aufenthalt aus dem kanadischen Yukon zurückgekehrt, wo ich meine Diplomarbeit über Wölfe gemacht, einen Winter in einer Hütte inmitten der Wildnis verbracht und das Verhältnis zwischen Kolkraben und Wölfen erforscht hatte. Es war wie ein wunderschöner Traum gewesen, aus dem ich mit meiner Rückkehr ins gezähmte Deutschland plötzlich aufgewacht war. Schnell noch die Diplomprüfungen für den Uniabschluss fertigmachen und dann – ja, was dann? Mein Leben drehte sich damals nur um Wölfe, nicht mal eine Freundin hatte da Platz. Und ich wollte den Traum weiterleben und eine Feldstudie über Wölfe in Europa beginnen.

Also schaute ich mich in Europa um und recherchierte, wo es noch Wölfe gab. In Deutschland war nichts geboten. Allerdings war nun, nach der Wiedervereinigung, die Situation, dass der Wolf auch im Osten, wo er zu DDR-Zeiten auf der Abschussliste gestanden hatte, plötzlich geschützt war. Und von Polen machten doch ab und zu einzelne Wölfe rüber, alleine im Sommer 1992 waren in Brandenburg vier Wölfe geschossen worden, und die Entwicklung im Nachbarland deutete darauf hin, dass dieser Trend anhalten sollte. Also machte ich mich auf nach Brandenburg und stellte mich beim dortigen Umweltministerium mit der These vor, dass man sich dort mit dem Thema Wolf auseinandersetzen sollte, bevor sich das erste Rudel etabliert, die ersten toten Schafe morgens auf den Weiden gefunden werden und kein Mensch weiß, was zu tun sei. Umweltminister Platzeck und Referatsleiter Gerd Schumann fanden die Sache interessant und beauftragten mich, einen Managementplan für (zukünftige) Wölfe auszuarbeiten.

Parallel dazu wollte ich aber auch wieder mit echten Wölfen zu tun haben und nicht nur mit hypothetischen. Dafür musste ich noch ein bisschen weiter in Richtung Wilder Osten: Nach dem Ende des Kommunismus war ja plötzlich ganz Osteuropa offen, und dort gab es noch gute Wolfspopulationen. Ich reiste kreuz und quer durch Polen, die Slowakei, Ungarn, Rumänien und Bulgarien und war fasziniert von diesen Schatzkammern der Natur. Landschaften, die die Effektivität des Kapitalismus längst zerstört hätte.

Wilde Wälder, Hügel mit weiten, blumengespickten Wiesen in allen Farben, wunderschöne Dörfer und supernette Leute – es brauchte nicht viel, um mich unsterblich in den Osten zu verlieben. Und so landete ich bald in den Karpaten, einem unverbrauchten, unentdeckten und unentwickelten Gebirgszug, wo ich sehen konnte, wie Europa wohl mal ausgesehen hat, bevor der Mensch der Natur seinen Willen aufgezwungen hat. Natürlich wurden auch die Karpaten genutzt, Forstwirtschaft in weiten Teilen, Schäfereien in den alpinen Gebieten und Jagd auf Bär, Wolf, Wildschwein und Rothirsch. Aber es gab noch alles, was man im Westen verloren hatte. Es gab flächendeckend Wölfe, Bären und die imposanten Karpatenhirsche in guten Dichten, in den schwer zugänglichen Tälern standen noch die Urwälder mit den uralten Tannen und Buchen, mit riesigen Ulmen und Ahornen, aber auch den seltenen Käfern und die anderen Arten, die einen Urwald ausmachen.

Ich suchte ein rumänisches Forschungsinstitut und einen Biologen, der Interesse an Wölfen hatte, und als ich die gefunden hatte, kehrte ich erst mal wieder nach Deutschland zurück, um Geld für so ein Projekt aufzutreiben. Inzwischen war es Mitte 1993 geworden, und die nächsten Monate verbrachte ich überwiegend in Brandenburg, Mecklenburg-Vorpommern und Westpolen, um die Situation im Hinblick auf Wölfe besser zu verstehen. Ich führte unzählige Gespräche mit Jägern, Naturschützern, Schafzüchtern, Tourismusleuten und Wissenschaftlern, und interessanterweise wollte so niemand richtig glauben, dass die Wölfe *ante portas* waren. Die Jäger dachten, dass sich auch in Zukunft nur so alle paar Jahre mal ein Wolf zeigen und, gewollt oder ungewollt, ziemlich schnell wieder verschwinden würde. Die meisten Wissenschaftler, mit denen ich sprach, dachten, der Lebensraum sei für Wölfe nicht geeignet. (Hier muss ich Steffen Butzeck von der Verwaltung des Biosphärenreservats Spreewald als große Ausnahme erwähnen, der meine Begeisterung für Wölfe teilte.) Und interessanterweise spürte ich in der Naturschutzszene eher Ablehnung gegenüber den Wölfen, die als Gefahr für das Fortbestehen der letzten Großtrappenbestände angesehen wurden, anstelle einer ehrlichen Begeisterung für das Wiederkehren einer charismatischen Schlüsselart. Am überraschendsten war allerdings das große Interesse der Schafhalter, mit dem Präsidenten des Schafzuchtverbandes verstand ich mich auf Anhieb. Natürlich gab es keine Zustimmung für den Wolf, aber es gab eine ehrliche Dankbarkeit, dass wir uns um die Belange der Schafzüchter kümmerten, bevor die Konflikte da waren. Die Leute waren mit den Füßen auf dem Boden, und man konnte vernünftig diskutieren – bis irgendwann bei einer Jahreshauptversammlung der nationale Präsident aus dem Westen kam und den Ossis erst mal zeigen musste, was Fundamentalopposition ist. Zum Glück war der Mann so schnell wieder verschwunden wie er gekommen war, und wir konnten mit den Brandenburger Schäfern weiter nach Lösungen suchen, die für sie akzeptabel waren. Dass der Wolf kommen würde, war für mich keine Frage, sondern nur wann. Und es dauerte dann ja auch wirklich keine fünf Jahre mehr, bis sich das erste Rudel im Truppenübungsplatz Oberlausitz festsetzen sollte. Zwar nicht in Brandenburg, aber die Kollegen aus Sachsen konnten aus dem Managementplan für Brandenburg viel übernehmen und waren vom ersten Tag an gut aufgestellt. Auch deshalb ging die Rückkehr der Wölfe nach Deutschland die ersten zehn Jahre relativ easy über die Bühne, und die massive Abneigung, die man aus anderen Gebieten kennt, in die Wölfe zurückkehren, gab es so in Sachsen und Umgebung nicht.

Nachdem sich die Ausarbeitung des Wolfsmanagementplanes für Brandenburg aber über mehr als ein Jahr hinzog, fuhr ich auch immer wieder nach Rumänien. Inzwischen hatte ich die ersten Fördergelder aufgetrieben, um ein Wolfsprojekt zu beginnen. Das Budget war zwar sehr bescheiden, aber es reichte, um ein kleines Häuschen als »Forschungsstation« in einem kleinen Dorf in der Nähe von Brasov, einer 300 000 Einwohner zählenden Stadt am Fuße der Karpaten, herzurichten sowie ein kleines Geländeauto und die ersten Fallen und Halsbandsender inklusive Peilgeräten zu kaufen, um das Projekt zu beginnen. Im Sommer 1994 stellten wir die ersten Fallen auf und hatten nach etwa zehn Tagen auch tatsächlich eine Wölfin gefangen, die wir mit einem Sender ausstatteten und wieder freiließen. Welch eine Freude und welch eine Aufregung, aber die kommenden zwei Wochen versuchten wir erst mal, noch weitere Wölfe zu fangen. Leider erfolglos. Und dann musste ich zurück nach Deutschland, um den Managementplan in Brandenburg fertigzustellen und frisches Geld aufzutreiben. Die Ortungen der Wölfin überließ ich in der Zeit meinen rumänischen Kollegen.

Kurz nach Neujahr kehrte ich nach Rumänien zurück, voller Neugier, was unsere Wölfin denn so alles während des Herbstes

---

Ein frei lebender Wolf auf einer Lichtung, Fotograf Heiko Anders.

getrieben hatte. Ich hatte keine Ahnung, was passiert war – die Kommunikationstechnik war damals dort noch sehr lückenhaft und E-Mail und Handy waren war noch Zukunftsmusik. Zum Telefonieren musste man zum Postamt, um ein Gespräch anzumelden, welches dann per Steckverbindung im Laufe der nächsten halben Stunde aufgebaut wurde. Dann wurde man aufgerufen und in eine Telefonkabine verwiesen, in der hörte man nur ein Rauschen und Krächzen, sodass das tatsächlich nur eine Option für Notfälle war.

Umso größer war mein Erstaunen zu hören, dass die Kollegen vor Ort nichts gemacht hatten. Sie waren nicht ein einziges Mal draußen gewesen, um die Wölfin zu orten. Na ja, ich verkniff mir einen Kommentar, schwang mich ins Auto und begann zu suchen. Es war mitten im Karpatenwinter und es hatte gut geschneit, daher war der Zugang zu den Bergen sehr eingeschränkt. Auf dem Weg zum Tal, wo wir die Wölfin vor fünf Monaten gefangen hatten, blieb ich an der großen Bundesstraße Richtung Bukarest auf einem Parkplatz stehen, um mal zu testen, ob ich von irgendwo ein Signal hören würde. Und tatsächlich, sofort ertönte sofort ein wildes Piepsen aus dem Empfänger. Allerdings hörte sich das komisch an, viel zu schnell, und das bedeutete nichts Gutes. Wenn der Sender 24 Stunden nicht bewegt wird, verdoppelt er seine Piepsgeschwindigkeit als sogenanntes Mortalitätssignal. Ich konnte es nicht fassen, bevor es richtig losging, sollte es schon wieder vorbei sein?

Langsam stapfte ich durch den tiefen Schnee in Richtung des Signals. Nach ein paar Hundert Metern wurde es sehr stark, der Sender musste also ganz in der Nähe sein. Mir schwante Böses, als ich am Rande einer kleinen Waldlichtung einen Erdansitz und einen Luderplatz – einen Platz, an dem Jäger mit Ködern fleischfressende Tiere anlocken – sah. Nach weiteren fünf Minuten hatte ich die Wölfin gefunden. Sie lag mit einer Schusswunde an der Schulter tot und steifgefroren neben einer kleinen Fichte und hatte den Sender noch um den Hals. Frische Fußspuren führten zu dem Tier, aber offensichtlich hatte der Jäger Angst bekommen, als er den Sender sah, und hatte die Wölfin daher nicht angerührt. Ich wusste nicht, ob ich heulen oder kotzen sollte: Welchen Sinn machte es, einen Wolf am Luderplatz abzuknallen, nur weil er ein Wolf ist? Zum ersten Mal wurde mir der Kampf des Menschen gegen den Wolf so richtig vor Augen geführt, bisher kannte ich das alles ja nur aus Büchern. Ich fühlte eine Verbundenheit mit der Wölfin, auch wenn ich sie nur kurz gesehen und berührt hatte. Sie war unser erster Forschungswolf und sogar der erste Wolf in der Geschichte Rumäniens gewesen, der einen Sender trug. Fünf Monate lang waren meine Kollegen nicht in der Lage gewesen, auch nur eine einzige Peilung hinzukriegen, und als ich die Forschungsarbeit dann endlich beginnen konnte, endete die Wölfin im Kugelhagel eines Jägers. Ich begann zu zweifeln, ob das Ganze jemals etwas werden würde.

Den restlichen Winter über versuchten wir mit allen Mitteln, neue Wölfe zu fangen, aber das Schicksal spielte nicht mit. Entweder waren die Fallen mit 20 Zentimeter Neuschnee bedeckt, wenn die Wölfe kamen, oder es wurde tagsüber warm und nachts so kalt, dass der Schnee wieder gefror und in der Folge die Fallen nicht auslösten, wenn die Wölfe darüber liefen.

Ende März gab ich auf und musste mal wieder zurück nach Deutschland. Alle Gelder waren aufgebraucht, und ich musste neue Förderungen suchen; mit den fehlenden Resultaten kein leichtes Ding. Ein paar Tage nach meiner Abreise kam dann die Nachricht, dass unser Team doch noch Glück hatte: Eine trächtige Wölfin war etwa 15 Kilometer von Brasov entfernt in die Falle gegangen. Doppeltes Glück, damit würden wir auch wissen, wo das Rudel seine Jungen aufzieht. Welchen Treffer wir gelandet hatten, war uns da jedoch noch nicht bewusst – es war wie der Hauptgewinn der Lotterie, das sollten wir aber erst in den kommenden Sommern merken.

Meine Rückkehr nach Rumänien verzögerte sich, aber zum Glück hatte ich inzwischen Annette Mertens, eine deutsch-italienische Diplomandin, im Projekt, die die neue Wölfin täglich mehrere Stunden lang anpeilte. Diese hatte Ende April eine Höhle in den Bergen oberhalb von Brasov bezogen, keine fünf Kilometer vom Stadtrand entfernt, und zog in einer Tannendickung ihre Jungen auf. Was dann nachts passierte, war entgegen allem, was wir damals über Wölfe wussten: Timisch, wie wir die Wölfin nannten, lief im Schutz der Dunkelheit aus dem Wald in die Großstadt hinein, jagte in den Parks und auf der Mülldeponie Ratten, streunende Hunde und Katzen und blieb oft bis in die Morgenstunden *downtown*, um im morgendlichen Verkehr mit vollem Bauch an den mit wartenden Passanten überfüllten Bushaltestellen und zwischen den Autos zurück zu ihren Welpen zu laufen. Auch wenn wir wussten, dass Wölfe sehr anpassungsfähig sind, Timisch und ihr Rudel zeigten uns, dass sie selbst am Rande urbaner Ballungszentren kein Problem haben, direkt neben dem Menschen zu leben. Wenn ich noch einen Hauch von Zweifel gehabt hätte, spätestens jetzt war mir glasklar, dass auch in Deutschland genügend Platz für Wölfe war und sie kommen würden, wenn man sie nur lässt.

Im Herbst 1995 kam für uns dann der große Durchbruch: Innerhalb von sechs Tagen fingen wir fünf Wölfe und versahen sie mit Halsbandsendern. Nun begannen wir wirklich, über die Wölfe und ihr Zusammenleben mit dem Menschen zu lernen. Wir beobachteten das Verhalten der Wölfe an den Schäfereien, lernten, was sie fraßen und welche Streifgebiete sie nutzten. Der Mythos vom »Wildnistier« Wolf brach in sich zusammen, fast überall überlappte sich der Lebensraum der Wölfe mit dem der Menschen, und wir begannen zu verstehen, dass Wölfe fast flächendeckend vorkamen, nur lebten sie so versteckt, dass die Menschen sich dessen oft nicht bewusst waren. Die Story von der Wölfin Timisch machte schnell die Runde, und es dauerte nicht lange, bis sich die Fernsehteams die Klinke in die Hand gaben und viele Menschen von unserem Projekt und den Wölfen in Rumänien hörten.

Mitte der 1990er-Jahre kam auch eine österreichische Studentin für ein Praktikum. Wir verliebten uns, und Barbara wurde meine Frau, mit der ich von nun an meine Arbeit und mein Leben in Rumänien teilen sollte. Aus dem ursprünglichen Wolfsforschungsprojekt wurde ein Forschungs- und Schutzprojekt zu Wölfen, Bären und Luchsen. Wir erforschten alle drei großen Räuber, entwickelten verbesserte Maßnahmen zum Schutz der Herden, ein Ökotourismusprogramm für die Region, um den Menschen einen ökonomischen Nutzen vom Vorhandensein der Großraubtiere zu geben, und führten Schulprogramme durch. Als uns 2003 die Ideen ausgingen, beendeten wir das Projekt, welches bis dahin zum größten Projekt über Wölfe, Bären und Luchse in Osteuropa geworden war. Wir hatten die Schönheiten Rumäniens erleben dürfen, uns mit vielen Menschen angefreundet, aber auch die Schattenseiten des Landes kennengelernt.

Barbara und ich blieben in Rumänien, das Land war uns ans Herz gewachsen, und wir genossen eine Lebensqualität, die wir im Westen nie erreicht hätten. Wir wurden eine Familie mit zwei Töchtern und machten erst mal was ganz anderes: Wir bauten uns einen Reitstall auf und waren in den kommenden fünf Jahren mit den Pferden am Fuß der Karpaten und im transsilvanischen Hügelland unterwegs. Es war eine grandiose Zeit, diese wunderschöne, uralte Landschaft zu erkunden und sie vielen Besuchern aus aller

Doppelter Wolf: Ein frei lebender Wolf erkundet das Seeufer und spiegelt sich im klaren Wasser. Foto: Heiko Anders

Herren Länder zu zeigen. Aber irgendwann zog es uns dann doch zurück in den Naturschutz. 2004 stimmte das rumänische Parlament für ein Gesetz, das die Rückgabe der während des Kommunismus verstaatlichten Wälder ermöglichte. Ab 2005 wurden die ersten Wälder zurückgegeben, und in den folgenden Jahren begann auf vielen Flächen ein Raubbau mit riesigen Kahlschlägen. Die Karpaten, bis zur Jahrtausendwende der wildeste und naturbelassenste Teil Europas, wurden zum Schlachtfeld eines rücksichtslosen Kapitalismus, der in Verbindung mit der grassierenden Korruption das grüne Rückgrat Europas zu zertrümmern begann. Wir spürten, dass wir hier etwas tun mussten. Wir konnten die Wälder nicht diesen Leuten überlassen, die in kurzfristiger Profitgier das Naturerbe Rumäniens zerstörten.

Durch einen Zufall lernten wir eine Schweizer Familie kennen, Leute, die im Geschäftsleben sehr viel Geld verdient und aus Liebe zur Natur einen beträchtlichen Anteil davon in eine Umweltstiftung gesteckt hatten. Wir diskutierten mit ihnen die Situation, und sie waren einverstanden, Gelder aus ihrer Stiftung zur Verfügung zu stellen, um Wälder, die an die Erben der früheren Besitzer zurückgegeben worden waren, zu kaufen und sie dann sofort unter Vollschutz zu stellen. Die Idee war geboren, in den Fagarascher Bergen einen neuen, großen Nationalpark zu gründen. Barbara und ich waren Feuer und Flamme und gründeten 2009 zusammen mit mehreren international tätigen Naturschützern und Spendern die Stiftung Conservation Carpathia. Seither haben wir mit dem Geld der Wyss-Stiftung und vieler anderer Geldgeber über 23 000 Hektar Wald gekauft und unter Schutz gestellt, über zwei Millionen Bäumchen gepflanzt, um die Kahlschläge wieder aufzuforsten, zig Kilometer erodierter Traktorwege wieder zugeschüttet und renaturiert, Erlenwälder entlang der Flüsse und Bäche gepflanzt und ein Konzept für den Aufbau eines Nationalparks entwickelt.

So ein Prozess ist natürlich sehr komplex, und da es in diesem Buch um Wölfe gehen soll, will ich auch nicht im Detail darauf eingehen. Was aber auf jeden Fall auch dazugehört, ist der Schutz der Wildtiere. Neben dem Raubbau an den Wäldern war der Druck auch auf Hirsch, Reh, Gams und andere jagdbare Tiere in den Dekaden nach der Revolution enorm gewachsen. Wilderei und legale Jagd dezimierte die Bestände in vielen Gebieten, und das Fehlen von Beutetieren wirkte sich auch negativ auf die Wölfe aus. 2011 hörten wir, dass einige der Jagdgebiete in unserem Projektgebiet neu versteigert werden sollten und wir sahen die Chance, damit neben dem Wald auch die Wildtiere schützen zu können. Wir recherchierten die Situation und erfuhren, dass Jagdgebiete nur an offiziell registrierte Jagdverbände mit einer entsprechenden Anzahl Mitglieder, einem Büro, Auto, Waffen und entsprechendem Personal verpachtet würden.

Nun, wenn das *the name of the game* war, gründeten wir eben einen Jagdverband. Unser Mitarbeiter Mihai Zotta hatte die entsprechenden Qualifikationen und kannte aus den Nationalparks viele Mitarbeiter, die zwar einen Jagdschein hatten, aber keine Jagdlust verspürten. Sie wurden unsere Mitglieder. Als wir im November 2011 als offiziell registrierter Jagdverband zur Auktion kamen, beäugten uns die Grünröcke mit dicken Bäuchen und Hirschhornknöpfen an den Jankern misstrauisch, aber niemand traute uns zu, dass wir es ernst meinen würden. Wir hatten vorab mit unseren verschiedenen Geldgebern gesprochen und die Zusage erhalten, dass wir bieten konnten. Das taten wir, und als schließlich der Hammer fiel, hatten wir ein 13 500 Hektar großes Jagdgebiet gepachtet.

Die erste Evaluierung war aber erschütternd: Während der Hirschbrunft hörten wir in den weiten Wäldern des Dimbovita-Tales gerade mal drei Hirsche. Überjagung und Wilderei hatten das Gebiet leer gefegt. Den offiziellen Zahlen nach sollten wir 162 Gämsen in den alpinen Bereichen haben, das wäre eine starke Population, nur sah man von denen nichts. Selten erblickten unsere Ranger zwei oder drei Gämsen zusammen, und wir schätzten, dass insgesamt nicht mehr als 20 bis 30 Stück vorhanden waren. Insgesamt fanden wir nur selten Spuren von Wildtieren, wenn auch ab und zu eine Spur oder eine Hinterlassenschaft von Bären.

Wir stellten Wildhüter an und fassten einige Wilderer – Jäger aus den benachbarten Jagdgebieten. Nach einem Jahr hatte sich herumgesprochen, dass das Dimbovita-Tal nun gut geschützt war, und seither haben wir keine Hinweise mehr auf Wilderei gefunden. Jedes Jahr begann man, ein paar mehr Wildtiere zu sehen. Die guten Futterbedingungen für Hirsche, Rehe und Bären auf den Kahlschlägen und die milden Winter, in denen viele Wildschweine überlebten, taten das Ihre dazu, und im Herbst 2018 machten wir eine erneute Inventur während der Hirschbrunft. Dieses Mal zeigte sich das Gebiet zum Leben erweckt, wir hörten jeweils mehrere Hirsche an elf verschiedenen Stellen um die Weibchen buhlen. An einem dieser Brunftplätze stellten wir mehrere Kamerafallen auf und konnten nach dem Ende der Brunft 13 verschiedene Hirsche identifizieren. Wir fielen uns in die Arme und waren stolz wie Oskar.

Gegen Ende 2017 ersteigerten wir ein zweites Jagdgebiet, zwei weitere übernahmen wir im Frühjahr 2019. Nun konnten wir auf insgesamt fast 70 000 Hektar Wildtiere schützen. Die Zunahme der Huftiere kam auch den Wölfen und Luchsen zugute, und wir konnten sowohl eine Zunahme der Rudel als auch der Zahl der Wölfe in jedem Rudel dokumentieren. Barbara und ihr Team begannen die Wildtierpopulationen genau zu erfassen. Aus Haaren oder im frischen Kot der Bären, Wölfe oder Luchse konnte man die DNS der einzelnen Individuen identifizieren und so eine »Volkszählung« im Wald durchführen. Die Bestände nähern sich inzwischen wieder dem an, was in Rumänien als natürlich angesehen wird. Aber es wird jetzt spannend zu sehen, wie sich die Populationen weiterentwickeln und wann die Kurve abflacht und in ein dynamisches, auf- und abgehendes Gleichgewicht übergeht. Zusammen mit dem angrenzenden Königsstein-Nationalpark haben wir mehr als 80 000 Hektar unter Schutz. Ich kenne in Europa kein anderes Gebiet dieser Größe, in dem nicht gejagt wird.

Ein Junghirsch putzt sich im Wildpark Schorfheide,
beobachtet von Wiebke Loeper

Dieser Anstieg der Wildtierpopulationen hatte aber auch eine Kehrseite: Wildschweine tauchten nachts zu Dutzenden in den Gärten der Anwohner auf und pflügten die Heuwiesen um, ein paar Gourmet-Bären spezialisierten sich darauf, Schweine aus den Ställen der Bauern am Rand der Dörfer zu holen. Dem konnten wir natürlich auch nicht allzu lange zuschauen, die Leute begannen – mit vollem Recht – zu rebellieren, und wir mussten eingreifen. So entwickelten wir ein System von Abwehrmaßnahmen: Zentraler Teil war der Aufbau einer schnellen Eingreiftruppe, die wir zusammen mit der rumänischen Gendarmerie aufbauten und die in zwei Teams rund um die Uhr im Einsatz war. Wir installierten Elektrozäune an gefährdeten Höfen und an strategisch wichtigen Zugängen zu Grünland und begannen ein Zuchtprogramm für die Carpatin-Herdenschutzhunde, die traditionell eine extrem wirksame Maßnahme gegen Übergriffe von Wölfen und Bären sind. Und wir entwickelten ein *Joint Venture* mit einem lokalen Schäfer, dem wir Flächen im alpinen Bereich zur Beweidung zur Verfügung stellen und der als Gegenleistung für uns 20 Kühe und 100 Schafe hält, die wir als Kompensationsleistung in Naturalien verwenden, wenn Wölfe oder Bären sich trotz aller Vorkehrungen doch mal ein Haustier holen.

Wenn sich aber Wildschweine trotz aller Abwehrmaßnahmen in die Gärten vorwagen und dort beginnen, die Wiesen aufzubrechen, müssen wir schweren Herzens zu den Flinten greifen und einzelne Tiere abschießen, um dem Rest der Population »beizubringen«, dass der Aufenthalt um die Dörfer mit Risiken und Nebenwirkungen für ihre Gesundheit verbunden ist. Letztendlich ist es auch Aufgabe des Wildtiermanagements, einen Interessensausgleich zwischen den Menschen auf dem Land und den Wildtieren zu finden.

Bei den Bären ist die Sache aber anders: Ihre Zahl und ihre Vermehrungsrate sind gering, die Art ist geschützt und Abschüsse von Problembären müssen vom Umweltministerium genehmigt werden. Allerdings ist während der letzten zwei Jahre die Zahl der Bärenattacken auf kleine Bauernhöfe deutlich angestiegen. Bisher haben wir sie dokumentiert und an jeder Stelle Haare der Bären sichergestellt, die sie beim Einbruch in einen Stall verloren. Auf diese Weise konnten wir feststellen, dass es sich letztendlich nur um zwei Exemplare handelt, die wirklich Stress machen. Sollen wir also die beiden Tiere opfern, um für die restlichen 50 Bären im Tal wieder Frieden herzustellen? Darauf gibt es keine leichte Antwort.

Bisher liefern wir uns ein Hase-und-Igel-Spiel mit den Bären, die sich jedes Mal für zwei Wochen in die Wälder zurückziehen, wenn sie von einem Elektrozaun einen Stromschlag abbekommen haben, dann aber wieder irgendwo auftauchen, um ihren Hunger nach Spareribs und Schweinemedaillons erneut zu stillen.

Wölfe halten sich zum Glück bisher eher zurück und von den Dörfern entfernt. Sie haben vermutlich auch genügend wilde Beutetiere, sodass sie die menschliche Nähe nicht suchen müssen. Die nächsten Jahre werden spannend werden, und es wird harte Arbeit sein, hohe Wildbestände zu haben und gleichzeitig die Konflikte in akzeptablem Maß zu halten. Aber dafür ab und zu ein Rudel Wölfe in den wilden Bergen der Karpaten heulen zu hören, ist es wert. Zu meiner großen Freude kehrt das Heulen der Wölfe auch immer tiefer nach Deutschland zurück. Aufgrund der extrem hohen Schalenwildbestände kann das der Natur, dem Wald und letztendlich auch den Reh-, Hirsch- und Wildschweinpopulationen selbst nur guttun.

Rothirsch relaxt auf Stroh im Wildpark Schorfheide.

Ein nasser Wolf, inmitten der blühenden Heidelandschaft.
Fotografiert von Heiko Anders.

DER WOLF VON GUBBIO

Die Hoffnung
und der
Wolf

FÜR MEIN BUCH …

… »Die Hoffnung und der Wolf« war ich auf der Suche nach historischen Texten und Überlieferungen. Wie war das Verhältnis der Menschen des Mittelalters zu den Wölfen und wie hat es sich entwickelt? In vielen Quellen aus dieser Zeit wird der Wolf als das furchtbarste Wesen der Welt beschrieben, als das schrecklichste und hässlichste Tier aller Zeiten. Wenn Sie mich fragen, ich kann diese Ansicht nicht teilen, bei Weitem nicht, und unser heutiges Wissen berichtet eine ganz andere Geschichte. Doch der Hass, der diesem Tier entgegenschlägt, auch heute noch, scheint samt der Vorurteile und Märchen aus diesen Zeiten zu stammen. Also machte ich mich auf die Suche nach einer stellvertretenden Schilderung.

Ein befreundeter Franziskaner erzählte mir von der Legende »Der Wolf von Gubbio« bzw. »Der heilige Franz von Assisi trifft den Wolf von Gubbio«. Als ich die Geschichte las – auch die Beschreibungen, wie der Wolf Menschen tötet und frisst –, war ich mir nicht so sicher, ob sie zur Intention meines Buches passte.

Ja, es gab Fälle, in denen Menschen von Wölfen angefallen und getötet wurden. Dazu gibt es übrigens eine sehr interessante Studie, die 18 Experten aus Ländern mit Wolfsvorkommen im Auftrag des Norwegischen Institutes für Naturforschung (NINA) im Jahr 2002 veröffentlichten. Für diese sogenannte NINA-Studie analysierten sie sämtliche Literatur und Berichte über Wolfsangriffe aus Europa, Asien und Nordamerika aus den letzten Jahrhunderten. Sie gilt als das umfassendste und fundierteste Werk zu diesem Thema. Und sie kommt zu einem sehr klaren Schluss: Das Risiko, in Europa oder Nordamerika von einem Wolf angegriffen zu werden, ist sehr gering. In den extrem seltenen Fällen, in denen Wölfe Menschen getötet haben, waren die Angriffe meist tollwütigen Wölfen zuzuschreiben. Neuere Fälle – also nach 1950 – sind selten, obwohl die Zahl der Wölfe in Europa insgesamt zugenommen hat. Für Europa

Ein frei lebender Welpe in abwartender Haltung. Foto: Heiko Anders fand man seit 1950 neun belegte Angriffe durch Wölfe, bei denen ein Mensch getötet wurde. Bei fünf dieser Fälle waren die Wölfe mit der terrestrischen Tollwut infiziert, die in Deutschland ausgerottet ist. Die anderen vier tödlichen Attacken gingen auf das Konto von sogenannten habituierten Wölfen. Klingt ein wenig nach »Schöner Wohnen«, bedeutet aber, dass sich diese Tiere zum Beispiel durch Anfüttern an den Menschen gewöhnt haben.

Alle diese Daten hatte Franz von Assisi natürlich noch nicht, und auch die Zeiten damals waren andere. Aber diese andere Art und Weise, wie Franziskus in der Legende das Thema angeht, hat mich im Hinblick auf die damalige Zeit sehr fasziniert und erstaunt. Dann führte mich mein Weg im Internet aber zu einer Kombination des »Wolfes von Gubbio« mit einer Predigtreihe von Prof. P. Dr. Ludger Ägidius Schulte, OFM Cap. Schulte ist Rektor der Philosophisch-Theologischen Hochschule Münster, deren Träger die Deutsche Kapuzinerordensprovinz ist. »OFM Cap« ist das Kürzel der Kapuziner, eigentlich des Ordens der Minderen Brüder Kapuziner, auf Lateinisch *Orto Fratum Minorum Capucinorum*, eines franziskanischen Bettlerordens in der römisch-katholischen Kirche. Der Name leitet sich von der markanten Kapuze ihres Habits ab. In der Vergangenheit zeichneten sie sich durch ihre Liebe zur Stille und zum Gebet und ihre Nähe zum einfachen Volk und den Armen aus.

In Schultes philosophischen Ausführungen über das Thema »Angst« und dem eigenen Umgang damit entdeckte ich aus meiner Sicht viele interessante Anregungen zum Thema »Rückkehr der Wölfe« in Deutschland. Die Gedanken über die Hintergründe und Auswirkungen von Angst faszinierten mich und ich beschloss: Diese spannenden Texte müssen in mein Buch!

Ich schätze Gespräche, Berichte, Filme und Texte mit und über Menschen aus verschiedenen Bereichen, mit unterschiedlichen Perspektiven. Ich nehme sogar an, dass diese Andacht mit meinem Anliegen in seinem Ursprung wenig zu tun hat, und doch entdeckte ich darin einen neuen Blickwinkel. Zum Beispiel Schultes Schlusssatz: »Anstatt etwas zu bekämpfen und auszurotten, ist es immer besser, etwas anzuschauen und auf Augenhöhe zu kommen, es in mein Leben hineinzunehmen und nach seinem Sinn zu fragen.«

Ich entdeckte spannende Akzente zu meinem Thema und mögliche Übertragungen, und deshalb hoffte ich sehr auf die Erlaubnis, diese in meinem Buch zu integrieren. Und dann, kurz vor Druckschluss, die gute Nachricht: Professor Schulte genehmigt den

Abdruck und freut sich über einen persönlichen Austausch! Meine Freude ist riesengroß, und ich hoffe natürlich, dass es meinen Leserinnen und Lesern ebenso ergehen wird.

Nochmal zurück zum heiligen Franz von Assisi: Er stammte aus einer wohlhabenden Bürgerfamilie in Assisi und genoss für die damalige Zeit eine gute Bildung, obwohl er »nur« aus bürgerlichen Verhältnissen stammte – das war nicht selbstverständlich. Die Eltern waren erfolgreiche Tuchhändler, und der Vater wollte auch aus ihm einen Händler machen. Aber Franz träumte von einem Leben als Ritter, liebte das Leben, den Wein und die Geselligkeit. Erst als er durch seine ersten Kriegserfahrungen, durch einen Kampf mit der Nachbarstadt Perugia, gleichzeitig auch zwischen Staufern und Welfen, zu neuen Ansichten gelangte, veränderte er sich. Während der Reise zu seiner zweiten Schlacht hatte er eine Vision, kehrte um und kämpfte fortan für die Überzeugungen von Jesus Christus. Franz von Assisi, der heilige Franziskus, gilt wegen seiner einfachen Lebensführung und seines Verhältnisses zur Schöpfung als Vorbild in Fragen des Mensch-Natur-Verhältnisses – also passt er ja doch in dieses Buch!

Aus besagten Gründen und mit großer Freude hier nun die Geschichte »Franz von Assisi trifft den Wolf von Gubbio« und anschließend die komplette Predigt von Prof. P. Dr. Ludger Ägidius Schulte.

Mille grazie, Paolo, für Deinen Hinweis!

DER WOLF VON GUBBIO

Erzählt nach den Fioretti,
einer Legendensammlung des 14. Jahrhunderts

Etwas Wunderbares, was des rühmenden Andenkens würdig ist, geschah bei der Stadt Gubbio. Da gab es nämlich zu Lebzeiten des seligen Vaters Franz in der Umgebung der Stadt einen Wolf von schrecklicher Größe. In seinem Hunger war er von grimmiger Wildheit, und verschlang nicht nur Tiere, sondern auch Männer und Frauen, so dass sich niemand mehr getraute, unbewaffnet die Stadtmauern zu verlassen. Eine solche Panik hatte alle befallen, dass sich trotz der Waffen kaum einer sicher fühlte, wenn er über (…) die Stadt hinaus gehen musste.

Der selige Franz, der gerade nach Gubbio kam, empfand Mitleid mit den Leuten und beschloss, dem Wolf entgegenzutreten. Die Bürger sprachen zu ihm: »Hüte dich, Bruder Franz, über das Stadttor hinauszugehen: der Wolf, der schon viele gefressen hat, wird dich jämmerlich töten.« Der heilige Franz aber setzte seine Hoffnung auf den Herrn Jesus Christus, und so schritt er, nicht mit Schild und Helm gewappnet, sondern unter dem Schutze des heiligen Kreuzzeichens, mit einem Gefährten vor das Stadttor und ging ohne Furcht dem Wolf entgegen.

Und siehe, angesichts der vielen Menschen, die von erhöhten Orten aus zuschauten, rannte der schreckliche Wolf mit offenem Rachen auf den heiligen Franz und seinen Gefährten zu. Der selige Vater aber machte über diesen das Zeichen des Kreuzes, und die göttliche Kraft, die von ihm wie von dem Gefährten ausging, zähmte den Wolf: er hielt plötzlich inne, und der schaurig aufgesperrte Rachen schloss sich. Franz rief ihn her und sprach: »Komm zu mir, Bruder Wolf! Im Namen Christi befehle ich dir, weder mir noch sonst jemandem einen Harm zu tun!« Und wunderbar, auf das Kreuzzeichen hin schloss das Untier den wilden Rachen, und wie der Heilige ihm geboten, kam es gesenkten Kopfes heran und legte sich gleich einem Lamm zu seinen Füßen.

Wie er so vor ihm dalag, sprach der heilige Franz: »Bruder Wolf, du richtest viel Schaden in dieser Gegend an und hast schlimme Übeltaten verbrochen, da du Gottes Geschöpfe erbarmungslos umgebracht hast. Und nicht nur Tiere tötest du, sondern, was noch schlimmer ist, du wagst es, Menschen, nach Gottes Bilde geschaffen, umzubringen und zu verschlingen! Darum verdienst du, dass man dich als Räuber und bösen Mörder einem schrecklichen Tod überliefert. Alle klagen mit Recht über dich und sind dir böse, und die ganze Gegend ist dir feind. Aber jetzt, Bruder Wolf, will ich zwischen dir und den Leuten Frieden stiften. Es darf keinem mehr ein Leid von dir geschehen, und sie sollen dir alle vergangenen Missetaten erlassen, und weder Menschen noch Hunde sollen dich weiter verfolgen.«

Da gab der Wolf zu erkennen, dass er auf den Vorschlag einging, worauf der Heilige mit seiner Rede fortfuhr: »Weil du damit einverstanden bist, diesen Frieden zu schließen, verspreche ich dir: Ich will dir, solange du lebst, durch die Leute dieser Gegend deine tägliche Kost verschaffen. Du wirst keinen Hunger mehr leiden müssen; denn ich weiß sehr wohl, du tust alles Schlimme nur vom Hunger getrieben. Aber du musst mir versprechen, dass du nie wieder einem Tier oder Menschen ein Leid zufügst. Versprichst du das?« Der Wolf gab durch Kopfnicken deutlich zu erkennen, dass er einverstanden sei, und legte dem heiligen Franz zum Zeichen seiner Treue seine Tatze in die Hand.

Zuletzt sprach der Heilige: »Bruder Wolf, nun komm ohne Bangen mit mir zu den Häusern der Menschen, damit wir im Namen des Herrn diesen Frieden besiegeln!« Und der Wolf gehorchte und folgte dem heiligen Franz gleich einem sanften Lamme. Wie das die Leute sahen, waren sie aufs Höchste verwundert und liefen alle, Männer und Frauen, Groß und Klein auf dem Marktplatz zusammen, wo sich der Heilige mit dem Wolf befand. Vor der Menge des Volkes sagte der heilige Franz: »Höret denn, meine Lieben, dieser Bruder Wolf, der vor euch steht, hat mir versprochen, dass er Frieden mit euch schließen will. Niemandem von euch wird er ein Leides tun, sofern ihr ihm versprecht, für seinen täglichen Unterhalt aufzukommen. Ich verbürge mich für Bruder Wolf, dass er den Friedensvertrag getreulich achten wird.«

Da versprachen alle Versammelten mit lautem Zuruf, sie wollten fortan den Wolf ernähren. Und der Wolf lebte noch einige Jahre und ließ sich von Tür zu Tür die Nahrung geben, ohne jemand ein Leid zu tun; und auch die Leute taten ihm nichts und fütterten ihn freundlich. Und sonderbar, nie bellte ein Hund gegen ihn.

Schließlich starb Bruder Wolf an Altersschwäche. Die Bürgersleute waren über seinen Tod sehr traurig.

– *A laude di Cristo.* Amen.

DER ANGST GEGENÜBERTRETEN

Franziskus trifft den Wolf von Gubbio
Franziskanische Predigtreihe, Kapuzinerkloster Münster,
30. Oktober 2016
von Prof. P. Dr. Ludger Ägidius Schulte, OFM Cap

I.

»Etwas Wundersames« sei er im Begriffe zu berichten, sagt der Chronist, bevor er seine Erzählung vom Wolf von Gubbio beginnt. »Von schreckhafter Größe« und in seinem Hunger »von grimmiger Wildheit« ist der Wolf, der eine ganze Stadt und deren Umfeld bedroht. Wehren können sich die Bewohner nur mit Waffen. Und wer bewaffnet geht, hat Übles vor – oder hat Angst.

Tatsächlich unterscheiden sich der Wolf und die Bevölkerung von Gubbio gar nicht wesentlich voneinander. Beide liegen miteinander im Streit, und zwar in einem Streit auf Leben und Tod. Beide sind bewehrt; der Wolf zeigt »zähnefletschend« seinen »wilden Rachen«, während die Leute sich nur noch »bewaffnet« vor die Stadtmauer wagen. Die Bevölkerung und der Wolf stehen also gewissermaßen für ein und dieselbe Person. Wölfe sind eben auch nur Menschen. Und Menschen verhalten sich immer wieder einmal wie Wölfe.

Vor einigen Jahrhunderten hat ein kluger Gesellschaftsanalytiker gesagt: »Der Mensch ist dem Menschen ein Wolf«. Der bürgerliche Mensch, der sich durch Besitz und Leistung definiert, durch Position und Macht, ist sozusagen strukturell gefräßig, konkurrenzorientiert und machtgepolt. Stets an erster Stelle zu stehen und die anderen an die zweite oder letzte Stelle zu schieben, sei das Grundgesetz einer solch wölfischen Gesellschaft, sagte Thomas Hobbes.

Wie unterschiedlich wir die Legende von Bruder Franz und dem Wolf von Gubbio auch lesen können, sie ist sicherlich eine Geschichte der Begegnung mit der Angst. Angst ist ein großes Thema der Menschheit und unseres ganz persönlichen Lebens, von der Geburt bis zum Tod. Mit ihr lässt sich Politik, lassen sich Nachrichten und gute Geschäfte machen. Angst sei ein schlechter Ratgeber, so heißt es. Vielleicht ist sie auch ein guter Ratgeber.

Es kommt darauf an, wie wir sie verstehen. Schauen wir genauer hin …

II.

Es ist wohl wahr: Das Leben ist immer lebensgefährlich. Unser Leben ist ständig Gefahren ausgesetzt; wir können sie nicht beseitigen, sondern nur besser mit ihnen umzugehen lernen.

(Wenn ich im Folgenden von Ängsten spreche, sind damit nicht Ängste gemeint, die auf ein bestimmtes Krankheitsbild zurückzuführen sind, oder klar begründete Ängste wie konkrete Bedrohungen oder die Diagnose einer unheilbaren Krankheit. Es geht um die ganz normalen Alltagsängste, die sich bei näherem Hinsehen oft als völlig unnötig herausstellen.)

Wir fürchten uns zu Recht davor,

- etwas zu verlieren, was uns Sicherheit gibt: Eltern, materielle Güter, Gesundheit, Unabhängigkeit;
- die Zuneigung anderer Menschen zu verlieren, durch deren Anerkennung wir selbstbewusst leben können;
- zu versagen, was in unserer Leistungsgesellschaft als Makel gilt;
- falsche Entscheidungen zu treffen, an deren Folgen wir zu leiden hätten;
- zu früh zu sterben, sodass viele unserer Hoffnungen und Erwartungen unerfüllt bleiben könnten.

Nur wer nichts und niemand geliebt hat, hat keinerlei Verlustängste. Würden Sie so jemanden für glücklich halten? Sie müssen also einen hohen Preis zahlen, wenn Sie tatsächlich keinerlei Ängste haben wollen! Wir können nicht über dem Leben stehen, wenn es wirklich lebendig sein soll, sondern nur in ihm, es durchstehen. Beobachter sind keine Spieler.

Ängste beeinflussen unser Verhalten. Sie können uns in erhöhte Alarmbereitschaft versetzen, uns zu besonderen Leistungen befähigen, uns vor Schaden bewahren. Sie können aber auch lähmen, blockieren, blind machen. Auf jeden Fall ist es sinnvoll, sich seiner Ängste bewusst zu werden – als Schlüssel zu größerer Lebensentfaltung. Die Angst bleibt solange da, bis du dich ihr gestellt hast, also wird ohne Stellungnahme nichts einfacher und leichter in Bezug zu deiner Angst, nicht jetzt und nicht in zehn Jahren, ganz egal wie mutig du in Bezug zu anderen Dingen oder Situationen

geworden bist. Die Frage ist nur, wann du es machst, wann du dich davon befreist. Umso früher, umso besser.

Es gibt die gut begründete Meinung: »Suchst du dein Glück, dann suche da, wo deine Ängste sind.«

Bei Franz von Assisi können wir lernen, was es heißt, den Wolf in uns zu zähmen und in den Arm zu nehmen. Aus der inneren Friedfertigkeit, ja Vertrauensseligkeit, die Franz aus seinem Gottesglauben gewinnt, kann er ohne Misstrauen auf andere zugehen; er braucht Aggression nicht mit Aggression, Gewalt nicht mit Gewalt zu beantworten – und genau dadurch kann er Frieden schließen mit dem Wolf, mit dem Wölfischen in uns – oder sollte ich sagen: Er kann die Angst berühren. Er kann Frieden schließen mit der Angst in uns, die uns oft hinter Mauern verstecken lässt oder zu »grimmigen« Wölfen werden lässt. Beides, die Ohnmacht hinter den Mauern und die Aggression (Waffen und Zähne fletschen), liegt enger zusammen als uns manchmal lieb ist. Ohnmacht und Aggression sind nichts anderes als Gesichter der Angst.

Ein frei lebender Wolf blickt in Richtung Fotografen.
Ob er das Auslösegeräusch gehört hat? Bild: Heiko Anders

III.

Die Legende vom Wolf von Gubbio fragt: Wie finde ich in den Frieden, wenn die Angst zu einem verschlingenden Wolf wird? Was ist, wenn wir uns zunehmend einbunkern, nicht mehr aus uns herausgehen, die Welt nur noch von der »hohen Stadtmauer« beobachten, auf Verteidigung getrimmt sind und unsere Welt immer kleiner wird aus Angst?

In der Begegnung des heiligen Franz mit dem Wolf erkennen wir mehrere Schritte, von denen jeder einzelne nötig ist, um dem Sog der Angst, symbolisiert durch den Wolf und die bewaffneten Bürger, zu überwinden.

1. Nimm deine Angst wahr!

Franziskus sieht, in welche Situation sich die Menschen durch die Angst bringen: Abwehr, Sicherheitsfanatismus, Panzerung, Panik, Enge, kein Weg mehr ins Weite. Wer mit seiner Angst umgehen will, muss wahrnehmen, wohin sie führt und ob er die negative Spirale weiter verfolgen will?! Sieh … wie du lebst! Soll das so weiter gehen?

2. Geh zu deiner Angst

Nachdem Franziskus die Situation erkannt hat, beschließt er, dem Wolf gemeinsam mit einem Gefährten entgegenzugehen. Er ist nicht allein. Er lebt in Gemeinschaft. Angst isoliert, Gemeinschaft schenkt Vertrauen. So kann er gehen. Er hält sich nicht damit auf zu lamentieren, zu predigen oder über wünschenswerte Maßnahmen nachzudenken, sondern er tut das, was er in eigener Verantwortung tun kann. Dieser Schritt ist sicher der schwerste, weil er sowohl kindliches Vertrauen auf Gott als auch den Mut verlangt, Schaden für das eigene Leben in Kauf zu nehmen, es vielleicht sogar zu verlieren. »Der heilige Franz aber setzte seine Hoffnung auf den Herrn Jesus Christus, und so schritt er, nicht mit Schild und Helm gewappnet, sondern unter dem Schutze des heiligen Kreuzzeichens …« Meine Angst fragt mich, wenn ich die Fragen zulasse: Was ist dein eigentlicher Halt? Worauf baust Du? Was ist deine Hoffnung? Franziskus weiß, worauf er baut. So kann er der Angst entgegengehen.

3. Begegne deiner Angst

Franziskus geht auf Augenhöhe mit der Angst. Diese Begegnung erfordert Mut. Entgegen aller Erwartungen werden Franziskus und sein Gefährte vom Wolf nicht zerrissen.

Wie gelangt der Wolf dazu, seinen Sinn zu ändern? Und warum kann Franz dem Wolf entgegentreten? Die Antwort auf beide Fragen ist die gleiche. Und sie liegt auf der Hand. Während der Erzähler selber den Wolf als *lupo terribile*, als »Untier« bezeichnet, und die Bewohner der Stadt ihn als Ungeheuer betrachten, spricht Franz ihn als *frate lupo*, als »Bruder Wolf« an, eine Anrede, die sich der Erzähler ganz am Schluss selber zu eigen macht (»Schließlich starb Bruder Wolf an Altersschwäche«), gerade als hätte er seinerseits eine Lehre gezogen aus dieser Geschichte.

Nimm die Angst als geschwisterlich an! Da ist es gut, näher heranzutreten. Deine Schwester Angst will dir etwas sagen. Viele Ängste leben von ihrer illusionären Größe, von fantasierten Befürchtungen. Schwester Angst, was willst du mir vom Leben sagen?

4. Benenne, was die Angst bewirkt

Franziskus beginnt das Gespräch. Dabei beschönigt er nichts, er konfrontiert den Wolf mit allem, was er angerichtet hat. Das will uns sagen: Sag es klar! Was richtet die Angst in deinem Leben alles an? Du verschlingst das Leben! Du machst eng! Du willst alle kontrollieren! Das geht so nicht! Ohne Ehrlichkeit, ohne dass alles zur Sprache kommt, kann es nicht zu einer Versöhnung mit ihr kommen.

5. Zeig Verständnis mit der Angst

Franziskus lässt es seinen Worten nicht an Deutlichkeit fehlen, aber er bleibt nicht bei der Anklage stehen. Er versucht auch, den Wolf mit seinen Bedürfnissen und Motiven zu verstehen. Der Wolf hat Hunger. Die Angst zeigt, was uns wichtig ist. Halt, Anerkennung, Sicherheit, Gemeinschaft haben wir lebensnötig. Die Angst sucht es jedoch oft auf falschen Wegen zu sichern. Der Hunger ist nicht falsch, er muss nur anders gesättigt werden.

Ein Wolf spiegelt sich im Teich des Wisentgeheges Springe.
Beobachtet von Thomas Henning.

6. Mach der Angst ein Lösungsangebot

Während die Bevölkerung des Städtchens nur ein Ziel kennt, nämlich das »Untier« zu töten, geht Franziskus auf den Wolf zu und schließt mit ihm einen Pakt. Dieser Pakt mit dem Wolf kann aber nur zustande kommen, wenn auch für ihn auf eine Weise gesorgt ist, dass er sich nicht mehr gezwungen sieht, über andere herzufallen. Das bedeutet, dass die Leute ihm, solange er lebt, die »tägliche Kost verschaffen« müssen. Nicht die Angst vor der Angst hilft, sondern tägliche Kost, die uns hilft, bewusster mit dem Leben umzugehen, z. B.:

- Das Helle suchen: Wer Angst hat, entwickelt schnell einen »Katastrophenblick«: Alles scheint schlimmer, dunkler, auswegloser. Ich muss es mir angewöhnen, täglich die »Lichtpunkte« zu suchen – die Augenblicke, in denen ich Gutes erfahre und Gutes tun kann, in denen Gott mich beschenkt. Jeden Tag die lichtvollen Seiten sehen – das hellt die Seele auf und hilft, mit Ängsten umzugehen.
- Perfektionismus in kleinen Raten überwinden: Wer zu hohe Ansprüche an sich stellt, gerät leicht in einen seelischen Engpass. Das erzeugt Angst. »Menschlichkeiten« bei sich und anderen annehmen. Mach nicht aus deinem Ungenügen ein Programm für dich und andere. Gott ist ein Weltmeister der Geduld. Sei geduldig.
- Vertrauenssprünge trainieren: Wer Angst hat, will alles absichern und gerät gerade dadurch in noch größere Engen. Lass dich immer wieder herausfordern, Unsicherheiten vertrauenswürdigen Menschen anzuvertrauen und/oder Gott zu übergeben. Übe im Kleinen, damit dein Vertrauen groß wird.
- Mücken, Mücken sein lassen: Aus Mücken Elefanten machen …, so heißt es. Manche Ängste entstehen, weil wir Kleinigkeiten dramatisieren. Raus aus der Dramatisierungsfalle. Für Deutschland gilt: Elefanten sind selten. Außer im Zoo und dort kannst du sie füttern … komm aus deiner Fantasie!
- Nach den Geschenken Ausschau halten: Angst ist begleitet von dem Gefühl, Wichtiges zu verlieren. Statt sich auf das Unerfüllte zu fixieren, hält sie Ausschau danach, was ihr Gott stattdessen schenkt. So kannst du erfahren: Gott schenkt oft anders, als wir es erwarten. Aber er schenkt das Bessere. Schau nur hin …
- Das Grundwort »Ja«: Egal was kommt, so sagt der Apostel Paulus, nichts kann uns trennen von der Liebe Christi. Weder Angst noch Tod. Wir sind gut aufgehoben. Ein Mensch, der sein Leben bejaht wie es ist, wird gelassener. »Charme ist die Art, wie

ein Mensch ›ja‹ sagt, ohne dass ihm eine bestimmte Frage gestellt worden ist« (Albert Camus). Charme, also Liebenswürdigkeit, fließt aus seelischer Entspannung, nicht aus Angst. Ein tiefes Ja macht »charmant«.

7. Begleite deine Angst

Franziskus begleitet Bruder Wolf in die Stadt. Er kümmert sich persönlich um das Zustandekommen eines Vertrages. Das heißt doch, wir sind nicht einfach fertig mit unserer Angst, sondern wir müssen einen verlässlichen Rahmen schaffen, eine Vereinbarung, eine Kultur des Umgangs mit der Angst finden, um mit ihr gut zu leben. Wir werden Schwester Angst nicht los, wir müssen sie bis wir alt und grau werden, bis zu unserem Lebensende begleiten. Ihr einen versöhnlichen Raum schaffen.

IV.

Menschsein heißt: Wandlung! Dass kleine Kinder sich verändern, damit rechnen wir, aber dass wir auch als Erwachsene in einem ständigen Veränderungsprozess stehen, daran glauben wir oft nicht mehr. Wer sich selbst nicht kennt, wird sein eigenes Werden von äußeren Umständen bestimmen lassen, auf die er scheinbar keinen Einfluss hat. Aber wir alle haben die Möglichkeit, unser eigenes Leben, unsere eigene Persönlichkeitsentwicklung mit Gottes Hilfe bewusst zu gestalten. Eine wichtige Möglichkeit, mich selbst besser kennenzulernen, sind meine Ängste. Angst zeigt auf, was wichtig ist – allerdings von der Rückseite her, also in der Furcht, z. B. Halt, Sicherheit, Akzeptanz, Stärke, Gestaltungsfähigkeit, erfülltes Leben zu verlieren! Die Rückseite ist die Furcht, all das zu verlieren.

Franziskus und der Wolf von Gubbio sagen: Angst gehört zu unserem Leben. Ja, sicher, die Angst hat etwas Negatives, Lebenshemmendes – doch auch Positives, Lebensentfaltendes. Die Angst birgt beide Seiten in sich. Meist sehen wir jedoch nur die negative, lassen kein gutes Haar an ihr und bekämpfen sie. Gleichzeitig machen wir immer wieder die Erfahrung: Anstatt etwas zu bekämpfen und auszurotten, ist es besser, etwas anzuschauen, auf Augenhöhe zu kommen, es in mein Leben mit hineinzunehmen, nach seinem Sinn zu fragen. Franziskus spricht aus tiefem Gottvertrauen: Schwester Angst, was hast du mir zu sagen?

Blick auf den Pazifik, am Strand Treibholz.
Boreale Regenwälder an der Küste von British Columbia.

DIE SEHNSUCHT

Den
Träumen auf
der Spur
und ein über-
raschender
Abschied

DER WIND WEHT, …

… und das Land ist weit. Mein Auge kann schauen und erkennt den Horizont. Mein Körper hat Raum, und so kann sich auch meine Seele bewegen. Erheben und schauen, so weit das Auge reicht.

Vor mir an der Wand das Bild eines Ältesten der *First Nations* in Schwarz und Weiß. Mit indianischer Pfeife im Mund und gesenktem Blick, der nach innen gerichtet ist. Wir schauen in die gleiche Richtung, sehen uns an und stellen stumme Fragen. Die Fellmütze und seine Zöpfe umschließen das von Falten durchzogene Gesicht, das von einem erfahrungsreichen Leben erzählt. Ich stehe im Dialog mit diesem Bild. Der Austausch läuft über unsere Augen, dabei spreche ich von Gedanken, Fragen, Zweifeln und Sorgen, die ich zu erkennen glaube.

Seine Augen sind klein, in vorsichtiger Lauerstellung, und erzählen mir von Gräueltaten, Vertrauensbrüchen und Verletzungen, die an seinem Volk begangen wurden. Nicht nur an den Menschen, sondern auch an ihrer Heimat, ihrer Kultur und der damit eng verbundenen Natur.

Ich vermute, er stammt aus dem Norden, bekleidet mit einem Hudson-Bay-Mantel und einer Fellmütze, einem guten Schutz gegen die Kälte. Vielleicht gewandert, geflüchtet, um der Zivilisation zu entfliehen, einem der größten Völkermorde, der jemals auf diesem Planeten vollzogen wurde. Zerstörung der Kultur, Verbot der Ausübung des jahrhundertealten Glaubens, der aus der Überlieferung der Urahnen und deren Wissen stammt.

Sein Blick ist fragend, scheint interessiert zu erfahren, warum die Welt der Weißen so ist, wieso sich die Welt so verändert hat und die alten Abkommen und Gesetze nicht mehr gelten. Warum ist die Welt zu einem industriellen Moloch geworden, der keine ethischen Grundlagen mehr kennt?

Zwei Rabenvögel, die schon immer mit den Wölfen zogen, am Himmel der Schorfheide. Foto: Wiebke Loeper

Ich hatte die Ehre und das Glück, Angehörige der amerikanischen *First Nations* kennenlernen zu dürfen. Natürlich waren einige auch von der westlichen Welt korrumpiert, waren auf Geld aus, Profit, aber sie hatten ja auch genug Zeit zum Lernen.

Ein tolles Treffen hatte ich mit Randy Kapashesit auf Moose Factory Island, einer Insel im Moose River kurz vor dessen Mündung in die James Bay in Ontario, Kanada. Ich hatte für die Reise mit einem sehr guten Freund extra mein amerikanisches Fieldjacket eingepackt. Das ist eine Jacke aus robustem Gewebe, die Wind und Wetter standhält und ursprünglich für Soldaten hergestellt wurde. Mein Fieldjacket ist mit einem originalen, gestickten Stammesabzeichen der Little Red River Cree Indian Nation und anderen kanadischen Reiseabzeichen versehen.

Als ich das erste Mal auf Moose Factory Island gewesen war, befand sich die Cree Village Ecolodge noch im Bau, fünf Jahre später war sie fertig: eine imposante Vollblock-Lodge in der Reservation der MoCreebec, mitten im Moose River. Um auf die Insel und dort in den Norden zu gelangen, fährt man mehrere Stunden mit dem Polar Bear Express durch riesige Waldgebiete, menschenleer und sich selbst überlassen.

Der Zug endete außerhalb des Reservats in Moosonee. Mein Auge erblickte schnell betrunkene und armselig gekleidete Personen. Um nach Moose Factory zu kommen, nimmt man das Wassertaxi. Im Reservat ist Alkohol verboten, eine gute Lehre aus der Geschichte und den ungesunden, krankheitsfördernden Kontakten mit den Weißen. Als wir ankamen, betraten wir eine komfortabel ausgestattete Lodge aus Blockholz, in der auch innen dieser natürliche und angenehme Baustoff überwog. Besonders beeindruckten mich der kolossale Blick auf den Moose River und der große Gemeinschaftssaal, lichtdurchflutet und mit handgemachten Totem-Tierlampen über den Tischen und Stühlen. Ich sah Adler, Wolf und Bärenlampen aus Metall. Noch waren wir in einem Bed & Breakfast untergebracht, aber die Schönheit und der Spirit des Gebäudes ließen mich einen Umzug erwägen.

Leider war kein Zimmer mehr frei. Ich fragte an der Rezeption nach, denn dieses Mal wollte ich schon gerne hier, in diesem Haus, wohnen. Ich stieß dabei das erste Mal auf Randy, fragte ihn, wann ein Zimmer frei werde und er registrierte meine Jacke mit den Abzeichen. Er fragte mich, woher wir kämen, und ich erwiderte: »Aus Berlin in Deutschland.« Ich erzählte ihm auch, dass ich fünf Jahre zuvor schon einmal hier gewesen sei, als sich die Lodge noch im Bau befand, und dass ich in jener Nacht das erste Mal in meinem Leben Polarlichter gesehen hatte, durch die großen Fenster des alten Hotels, in dem ich damals zwei Nächte verbrachte.

Randy teilte uns erneut und bedauernd mit, dass derzeit keine Zimmer frei seien. Er lud uns aber ein, zwei Nächte später als Gäste zu kommen, und erlaubte uns, den Tag in der Bibliothek zu verbringen. Begeistert willigte ich ein, die Zimmer waren wunderbar. Und so verbrachten wir die nächsten Tage auf Moose Factory, zu früheren Zeiten eine Pelzhandelsstation der Franzosen, erbaut als Konkurrenz zur Hudson's Bay Company.

Daraufhin fragte uns Randy, ob wir Interesse an einer Führung hätten. Er war besonders stolz, uns die neueste Umwelttechnik aus Deutschland vorzustellen, die im Haus installiert war. Ich war verblüfft – hatte das hier, im Norden Ontarios, nicht erwartet. Aber klar, zum Schutz der Ressourcen des Reservats passt natürlich, dass man auf die neueste Eco-Technik setzt. Nach der Führung durch die Lodge unternahmen wir noch einen Spaziergang, und Randy zeigte uns auf der Insel den Hafen und die Stelle, bis zu der im Winter die Eisbären kommen, wenn sie woanders nicht genug Futter finden.

Was für ein toller Tag! Gut gelaunt und inspiriert verließen wir die Insel.

Am nächsten Tag kamen wir wie verabredet zurück. Gingen spazieren und verbrachten unsere Zeit in der Bibliothek, dem Essensraum und auf der Terrasse. Ich trank das erste Mal Apfeltee mit frischen Cranberrys, denn auf dem Reservatsgelände ist, wie vorhin schon erwähnt, Alkohol für Ureinwohner verboten. Aus Solidarität und Respekt vor unseren Gastgebern verzichtete ich auch auf Alkohol und kam dadurch in den Genuss, diesen Tee zu trinken. Davon stand immer ein großer Topf auf der Kochplatte, und jeder konnte sich kostenlos bedienen. Ein toller Geschmack nach warmen Äpfeln und Cranberrys, die durch die Hitze platzten und ihr Vitamin C abgaben. Ich trank reichlich von dieser gesunden Köstlichkeit, und Randys freundliche indigene Mitarbeiterin schenkte mir immer mit einem Lächeln nach.

Randy und ich beobachteten uns und schlichen umeinander herum. Mittags wurden wir mit weiteren Teammitgliedern an Randys Tisch gebeten und zum Essen eingeladen. Es begannen mehrere Tage in friedlicher und neugieriger Atmosphäre, wir unterhielten uns viel miteinander. Ich lernte seinen Vater kennen, der noch eine christliche *residential school* hatte durchlaufen

Ein Wolf wandert durch das winterliche
Wisentgehege Springe. Fotograf: Thomas Henning

»dürfen«, inklusive Zwangschristianisierung, und ich erhielt die Erlaubnis, mich darüber mit ihm zu unterhalten.

Später sprach ich mit Randy auch über die Jacke und das Stammeszeichen der Little Red River Cree Indian Nation. Ich erzählte ihm von meinem abenteuerlichen Versuch, in Alberta mithilfe eines Dokumentarfilms die letzten frei lebenden, gesunden und reinrassigen Waldbisons schützen zu helfen. Dafür verbrachten wir zwei Wochen mit den Cree, die uns, nachdem uns unser Guide leider betrogen hatte, mit allem halfen, was ihnen zur Verfügung stand. Ein Film ist daraus nie geworden, aber ich habe viel gelernt und oft Geschichten erzählt von dieser Zeit und den Erlebnissen. Ich hoffe, es geht euch gut da drüben! Dabei denke ich immer wieder an Celestans Gebet und das Rauchopfer in der Tipikirche.

Am nächsten Morgen fuhren wir mit einem Mitarbeiter der Lodge hinaus auf die James Bay, und später wagte ich eine Inselumrundung mit dem Kanu. Dabei bemerkte ich unterwegs immer wieder Randys achtsamen Blick irgendwo an einem anderen Platz der Insel. Ich hatte bei meiner Abfahrt die Strömung nicht bedacht und wäre fast nicht zurückgekommen. Aber mit etwas Glück und dem nötigen Körpereinsatz gelang mir die Rückkehr doch noch. Als unsere Tage bei den MoCreebec zu Ende gingen, stellte uns Randy noch eine Reiseroute nach Toronto zusammen: mit Tipps zu guten Restaurants, Hotels, Tipischlafplätzen und Tankstellen.

Wir hatten noch Zeit auf unserer Reise, und Randy meinte, er wäre die nächste Woche in Toronto. So verabredeten wir uns im Healthy-Foods-Laden nahe dem Howard Johnson Inn in Old Yorkville, gleich um die Ecke von Downtown Toronto. Eine Woche später saßen wir uns im Laden gegenüber und freuten uns. Unser Gespräch schloss direkt dort an, wo wir in der Lodge aufgehört hatten. Im Anschluss erhielt ich von Randy eine exklusive Führung durch die Slums von Toronto, in denen er und viele andere Angehörige der *First Nations* aufwuchsen.

Wir haben ab und zu telefoniert nach unserer Heimkehr, aber uns dann doch leider aus den Augen verloren. Und während ich nun dieses Kapitel schreibe, habe ich Randy Kapashesit gegoogelt und erfahren, dass er bereits 2012 verstorben ist. Er war 25 Jahre lang *chief* der MoCreebec und hat sich mit den *First Nations* in ganz Ontario für Ökologie und Umweltschutz stark gemacht. Er hat das Leben, die Menschen und die Natur sehr geliebt, sein Lieblingsplatz war das alte Wintercamp seines Vaters James in der nahen Wildnis. Randys Tod reißt eine tiefe Lücke, er war über die

Grenzen bekannt und verstand seine Aufgabe im weiteren Sinn auch als Arbeit für die größere Vereinigung und den Zusammenschluss der *Cree First Nation*. 2014 war er, als einer der wichtigsten Vertreter der *First Nations*, bei der UNO-Weltkonferenz zu indigenen Völkern eingeladen.

Ich habe oft von den einmaligen Tagen mit Randy erzählt, habe geschwärmt von der Schönheit der Natur, der Weite und der besonderen Gastfreundschaft, die mir, beziehungsweise uns, zuteilwurde, und dass ich mich sehr geehrt gefühlt hatte. Schade, dass wir uns nie wiedergesehen haben, aber ich habe unser Treffen nie vergessen, oft daran gedacht und erzählt, mit Stolz, dass ich einen *chief* der MoCreebec auf Moose Factory Island an der James Bay kennenlernen durfte. Wie die Dinge manchmal geschehen, hoffe ich, dass Du sehen kannst, welch besonderen Platz Du in meinem mir so wichtigen Buch gefunden hast.

Manch einer wird sich fragen, was das denn mit unseren Wölfen zu tun hat. Und ich antworte ihm, dass Tiere dort geschätzt und als gleichwertig anerkannt und respektiert werden. Natürlich hat die *First Nation* auch getötet, um zu überleben und zu essen. Das tun die Wölfe auch, nicht mehr und nicht weniger. Sie sind unglaublich schlaue, geschickte, fürsorgliche und soziale Tiere und verdienen unsere Achtung.

Als ich bei Euch zu Gast war, konnte ich das immer spüren.

Danke für die Tage und Lebwohl.

Ich werde Dir ein Rauchopfer senden.

Ein regennasser, frei lebender Wolf durchstreift die Landschaft. Foto: Heiko Anders

EPILOG

zur Ruhe
kommen, zurück
blicken um
nach vorne zu gehen

WEIT GEWANDERT, …

… gesucht, gefunden, entdeckt, vermisst. Mit Menschen gesprochen, auf dem Weg zum Miteinander von uns Menschen und dem Wolf. Dass die Begeisterung und Hoffnung für den Wolf nicht alle Menschen teilen können, hat viele Gründe, liegt aber bestimmt nicht nur am Wolf. Um den Meister Isegrim geht es vielleicht am allerwenigsten, und das ist schade. Denn mir geht es um dieses Tier, weder um unsere Angst, noch unsere Einfallslosigkeit oder Bequemlichkeit.

Haben Sie schon mal einem Wolf in die Augen gesehen? Ich hatte die Chance vor vielen Jahren im Bayerischen Wald, als gerade drei Jungwölfe in das alte Rudel eingegliedert werden sollten. Gehege-Wölfe! In der Natur passiert so etwas so gut wie nie. Unsere Wölfe in Mitteleuropa leben als Kleinfamilie: Mutter, Vater und die Kinder. Wenn die Kinder zu Erwachsenen werden, verlassen sie diese Familie und suchen sich ein eigenes Revier. Manchmal, in Ausnahmefällen, bleiben zum Beispiel körperlich eingeschränkte Nachkommen bei den Eltern und helfen dann weiterhin, als Babysitter. Ihre territorialen Grenzen verteidigen Wölfe in freier Wildbahn bis aufs Blut gegen fremde Artgenossen. Nur in Ausnahmefällen lassen sie zugewanderte Wölfe ins Revier. Meistens reicht es aus, wenn die Grenzen der Territorien mit Urin und Kot markiert werden, in der Regel an markanten Wegkreuzungen oder ähnlich auffälligen Stellen. Dann machen durchwandernde Wölfe einen Bogen um die Gegend.

Das ist übrigens für das Monitoring ganz praktisch: Die Wolfsforscher sammeln gerne den Kot der Tiere ein. Der gibt nämlich nicht nur Aufschluss darüber, was die Wölfe so fressen. Im Idealfall, wenn der Haufen noch recht frisch ist, kann man damit per genetischer Analyse auch herausfinden, zu welchem Rudel die Tiere gehören. Das Senckenberg-Forschungsinstitut hat für

Wolf bei einer Ruhepause nach der Fütterung im Wildpark Schorfheide, fotografiert von Wiebke Loeper.

Deutschland mittlerweile einen richtigen Stammbaum der Wölfe anlegen können. Jedenfalls: Da Wölfe gerne an besagte markante Geländepunkte kacken und pieseln, um ihr Gebiet abzustecken, lassen sich diese Markierungen von den Wolfsforschern auch viel besser finden als mitten im Gebüsch.

Zurück zum Wolfsgehege. Hier hatte man versucht, fremde Jungwölfe zum alteingesessenen Rudel hineinzusetzen. Was natürlich erst mal Stress auslöste. Wilde Hetzjagden, Geknurre, Gegrummel, hochgezogene Lefzen, eingezogene und erhobene Schwänze. Auf mich wirkte es sehr bedrohlich. Ich war mit meiner Lebensgefährtin im Urlaub, als wir den Nationalpark besuchten. Wir waren sehr besorgt, als wir die Situation beobachteten, und hatten Angst um die Tiere. Vorrangig die Jungwölfe.

So etwas kann schnell tödlich ausgehen, es gibt immer wieder Berichte von Gehegen, in denen sich die Rudelstruktur veränderte und es daraufhin zu teils tödlichen Beißereien kam. Ich stand oberhalb des Geheges über einem felsenartigen Überhang, als eines der drei Jungtiere, eine Wölfin, just auf diesen Vorsprung flüchtete, von mir etwa drei Meter entfernt. Uns trennte der unüberwindbare Zaun, hier gab es für sie also keinen Fluchtweg. In ihrer Angst sicherte sie nach allen Richtungen und entdeckte auch mich, ein offenbar unheimliches Wesen, das sich oberhalb ihres Standortes befand. Einen kurzen Moment lang drehte sie sich zu mir um und schaute mir direkt in Augen. Und diesen – im wahrsten Wortsinne – Augenblick werde ich mein Leben lang nicht vergessen. Ich habe ihn als einzigartigen, feinen, sensiblen und tiefgründig-ängstlichen Blick empfunden. Keine Frau hat mich je so angeschaut. Der Blick hat mich so beeindruckt, dass ich den Rest des Tages von nichts anderem als den Erlebnissen im Park erzählen konnte. Wow, was für grün-gelbliche Augen, die spielend die Innensohlen meiner Füße erreichten. Haben Sie mal die Autobiografie »Wolfssonate« der weltberühmten Pianistin Hélène Grimaud gelesen? Sollten Sie, sie beschreibt ein ähnliches Erlebnis und wie sie ab dem Moment ihrer ersten persönlichen Wolfsbegegnung der Liebe zu diesen Tieren verfiel. So erging es mir auch. Ich bin mir bewusst, manche werden jetzt sagen: Was der da alles reininterpretiert! Aber denen entgegne ich: Probieren Sie es doch mal selbst. Schauen Sie hin!

Meinen Zugang, meine Verbindung zu den Wölfen habe ich in der kanadischen Wildnis gefunden. Meine Erlebnisse im Bayerischen Wald, in der Schorfheide und Białowieża haben dieses

Gefühl auf verschiedene Weisen vertieft und erweitert. Als Städter aufgewachsen in Berlin, bin ich auch dank der vielen Jahre in Omas und Opas Schrebergarten zu einem Naturjunkie geworden. Dabei ist Natur für mich der Begriff für das, was uns umgibt und uns guttut. Wälder, Wiesen aber eben auch naturnahe Weiden, Gärten oder Heideflächen. Für mich sind Wölfe immer noch das Sinnbild einer intakten Natur fernab der Zivilisation mit Städten, Verkehr und Co. Der respektvolle Umgang der *First Nations* mit diesen auf viele Art beeindruckenden Tieren hat mir imponiert und ist mein Vorbild. Dennoch weiß ich natürlich, dass Wölfe diese Art der Wildnis, wie ich sie in Kanada kennengelernt habe, gar nicht brauchen, um zu überleben. So mancher Wolfskritiker hatte diese Wildnis-Verbindung von Anfang an genutzt, um Gründe zu finden, die eingewanderten Wölfe am liebsten in die Abgeschiedenheit Sibiriens zu verschicken. Dabei ist das hier Heimatgebiet der Wölfe – oder war es zumindest, bis wir Menschen sie hier ausgerottet haben.

Bei uns ist gerade Erntezeit.

Ich sitze beim Morgenkaffee und schaue über das Land, höre Klaviermusik von Dvořák, die Humoreske Nummer 7 in Ges-Dur.

Ob jemand die Felder kontrolliert hat, nach Rehen und Kitzen gesehen hat, bevor die großen Maschinen Tag und Nacht fahren und alles niedermähen?

Ich höre Dvořák, und meine Gedanken schweifen umher – träumen von einer Natur im Einklang. Und von Menschen, die das zu schätzen wissen und nicht alles zerstören, auch bitte nicht meine Hoffnung auf ein respektvolles Miteinander. Warten wir es ab. Aus Sachsen und Brandenburg hört man öfters Sprüche wie: »Wir schießen, bis das Problem gelöst ist.« Feuer frei! Dabei ist ein illegaler Wolfsabschuss kein Kavaliersdelikt. Bis zu fünf Jahre Knast locken, wenn denn mal ein Täter überführt würde. Aber das ist schwer. Allein darüber ließe sich ein eigenes Buch schreiben.

Jagdrecht ist Ländersache. Das ist teilweise echt verwirrend, wer wozu und weshalb zuständig ist. Mal die EU, mal das Umweltministerium des Bundes, und manchmal sind die Angelegenheiten Ländersache.

Ich lausche weiter Dvořák, aus den Gedanken werden Träume von Wölfen, die durch die Landschaft jagen, ihren Platz gefunden haben, bei uns.

Plötzlich mischen sich Bilder von Bauern in meinen Traum. Bauern, die genüsslich an einem Gläschen Glyphosat nippen und die Wunder der Natur in der Abendsonne genießen. Die lieber sich selber vergiften, aber nicht die Umwelt, denn die haben sie überraschend lieben gelernt, warum und wie auch immer. Frau Merkel kommt auch auf ein Gläschen vorbei. Ihre letzte Amtshandlung ist die Unterzeichnung des Gesetzbeschlusses zur Förderung und den Umbau auf ökologische Landwirtschaft, den Start in eine europaweite und flächendeckende Agrarreform. Herr Söder joggt im weißen Trainingsanzug, hergestellt aus Ökobaumwolle, vorbei, und aus dem Hintergrund hört man einen Chor des Bauernverbandes unter der Leitung von Joachim Rukwied mit der lieblichen Solostimme von Frau Klöckner, die die Hymne intoniert: »Damit können wir die Welt aber nicht ernähren!«

Auf der Dorfstraße kreuzt nun Greta Thunberg mit einer »Fridays for Future«-Demonstration auf, und dieser zweite Chor, der sie begleitet, singt zur Musik vom »Gefangenenchor« aus »Nabucco« von Giuseppe Verdi: »Dass wir das noch erleben dürfen!«

Um das Bild abzurunden, erscheint Herr Scheuer auf einem Elektroroller und verteilt Mautgutscheine für Einheimische. Der Roller trägt einen großen Aufkleber: »I love Ökostrom!« Das Finale bildet Frau von der Leyen, ihres Zeichens neue EU-Kommissionspräsidentin. Sie erscheint auf der Ladefläche eines historischen Lkw und verliest einen neuen Gesetzentwurf der EU, der besagt, dass nationalistisch und rechtspopulistisch regierte Staaten künftig Strafzölle an die Nachbarstaaten abführen und Zwangsfortbildungsaufenthalte bei sämtlichen bunten Festen Europas organisieren müssen … Wer immer auf den Straßen ist und in den umliegenden Häusern mitgehört hat, spendet tosenden Beifall! Unter Zurufen und Applaus setzt sich der Lkw in Bewegung. Frau von der Leyen ist nicht allein auf der Ladefläche. Ich sehe Jean-Claude Juncker, Wolfgang Weber und Frans Timmermans. Der Bauernverband applaudiert, auch Greta Thunberg hat mit ihren Mitstreitern innegehalten und spendet zustimmend Beifall, bis erneut Musik erklingt. Frau von der Leyen beginnt zu singen, ich bin überrascht, ein wunderschöner Sopran erklingt, und unverzüglich stimmen alle mit ein: »Brüder, zur Sonne, zur Freiheit«. Der Lkw mit den fröhlich-beschwingt singenden EU-Vertretern verlässt unter Musikbegleitung die Bühne.

Stille! Das Schlussbild erinnert mich an Brechts »Mutter Courage«. Aber vielleicht wäre das auch ein zeitgenössischer Ansatz für die nächsten Bayreuther Festspiele. Ich bin mir noch unschlüssig, ob ich mich bei meinem traumhaften Soundtrack vielleicht doch für das »Einheitsfrontlied« von Brecht und Eisler entscheiden sollte, hat ja auch was und ist so aktuell. Im Traum erscheint mir Rio Reiser, der leider viel zu früh verstorbene und von mir hochgeschätzte Sänger der Band »Ton Steine Scherben«, um das Lied in der Abendsonne zu intonieren. Ich glaube, das ist es!

Dabei lausche ich doch immer noch den Humoresken von Dvořák.

Da entdecke ich gegenüber von meinem Haus an der Waldkante eine Wolfsfamilie, selbstvergessen, im harmonischen Spiel und fröhlichen Miteinander. Man bereitet sich vergnüglich aufs Abendmahl vor. Verständigt sich kurz über die Taktik. Dann ein kurzes Heulen!

Ich ertappe mich bei einem genussvollen Lächeln, schwelge noch in der vorangegangenen heiteren Bilderflut und bin verwundert, weil die Geschichte doch mit einem Morgenkaffee begann? Die Zeit ist ein Rennpferd, denke ich – da plötzlich entdecke ich auf der Landstraße einen legendär schönen alten MAG, einen historischen englischen Roadster, und darin erkenne ich den neuen englischen Premier Boris Johnson mit Tweedmütze. Er versucht den Lkw zu überholen, kommt dabei leicht ins Schleudern, aber mit einer lässigen Handbewegung, in der Tiefe der Landschaft verschwindend, grüßt er seine ehemaligen Kollegen. Brööööm – was für ein phänomenaler Sound.

Ich erinnere mich an einen alten Spruch aus längst vergangenen Zeiten, die ich niemals missen möchte:

»Wer sich nicht bewegt, spürt auch seine Fesseln nicht.«

LIEBE LESERINNEN UND LESER!

Ein Abend im Juli, ich saß an diesem Buch: Nach Wochen und Monaten der Recherche, des Lesens und Erkundens, nach privaten Gesprächen über Sternbilder und ihre Deutung sowie nach intensiven Drehtagen in der französischen Camargue entwickelten sich in meinem Inneren Wortfetzen, Bruchstücke, Assoziationen und Gedanken zum Wolf. Und begleitet von einem feinen Glas roten Weines trat dieser Text zutage, den ich gerne mit Ihnen teilen möchte.

Er wurde selbstverständlich noch korrigiert und überarbeitet, et voilà!

DER GESANG DES WOLFES

Das Lied des Waldes und der weiten Ebenen,
der Wind der Liebe und der Leidenschaft,
der Wildheit und der Sehnsucht
und wie das Sternbild des Skorpions die Menschen schreckt
und der Tiefe erinnert und gewahr werden lässt
ihres Verlustes, dem gegenwärtigen Einerlei
der Oberflächlichkeit und seinem Mangel,
dem Sehnen nach Wahrhaftigkeit und tief empfundener Liebe,
so wandert der Wolf seit Urzeiten durch diese Welt,
gehasst und gejagt, missverstanden und verkannt, doch sehn-
suchtsvoll vermisst und vielfach hoch verehrt,
trotz Furcht vor dem eigenen menschlichen Unvermögen,
den Lügen der ängstlichen Unvollkommenheit
und ihrer schmerzlichen Erkenntnis,
der eigenen Unfähigkeit im Kampf der Natur und ihres Daseins.
Möge dieses Wesen entgegen unserer fehlenden Hoffnung,
und unseres Neides,
Frieden und in der Akzeptanz Erlösung finden,
es ist ein Wesen dieser unserer Welt und ich heule mit ihm.

Im Wildpark Schorfheide studiere ich die Frage-Antwort-Karten zum Thema Wolf und seiner Rückkehr. Foto: Wiebke Loeper

WÖLFE WERFEN FRAGEN AUF

Dem wolf auf der Spur

SEIT FAST ZEHN JAHREN, ...

... seit dem Jahr 2010, bin ich ehrenamtlich als Wolfsbotschafter beim NABU, Naturschutzbund Deutschland e.V. Der NABU begleitet die Rückkehr der Wölfe nach Deutschland von Anfang an. Seit zu Beginn der 2000er-Jahre die ersten Welpen in freier Wildbahn geboren wurden, setzt er sich für ihren Schutz ein. Mit sachlichen, wissenschaftsbasierten Informationen schafft er Vorurteile aus der Welt und engagiert sich für die gesellschaftliche Akzeptanz der Tiere. Die Sorgen der Menschen nimmt der NABU dabei sehr ernst, was mir auch ganz besonders wichtig ist! Im Dialog mit Bürgerinnen und Bürgern genauso wie mit Schäfern und Politikern sucht der NABU nach Lösungsansätzen, damit ein Miteinander möglich wird. Seit vielen Jahren bildet er dafür auch Interessierte als ehrenamtliche NABU-Wolfsbotschafter aus. Als meine Aufgabe verstand ich es, die »Rückkehr« in der Öffentlichkeit zu vertreten und zu versuchen, Vorurteilen entgegenzuwirken, wie zum Beispiel in Interviews, bei öffentlichen Veranstaltungen oder in Dokumentationen. Mit diesem Engagement macht man sich nicht nur Freunde. Ich bin aber der festen Überzeugung, dass wir nur durch den Dialog zu einem guten Miteinander von Mensch und Wolf finden. Für mich ist dieses Engagement natürlich auch eine Chance, mich über die neusten Entwicklungen bei der »Rückkehr der Wölfe« zu informieren. Der NABU veranstaltet auch immer wieder interessante Events zum Thema. Bei diesen Veranstaltungen kommen viele Fragen auf. Die häufigsten hat der NABU gesammelt und gibt auf *www.NABU.de/wolf* Antworten darauf. Ein Auszug dieser FAQs – der *Frequently Asked Questions* – darf in meinem Buch natürlich nicht fehlen.

Bruno ist immer dabei – hier vor einer Themenwand im Infocenter des Tierparks Schorfheide. Foto: Wiebke Loeper

WÖLFE WERFEN FRAGEN AUF – DER NABU ANTWORTET

VERBREITUNG DER WÖLFE

Was ist ein Rudel? Was macht ein Rudel aus?

▸ Ein Rudel ist kein Zusammenschluss von umherziehenden Wölfen, sondern ein Familienverband. Es besteht aus dem Elternpaar, Welpen des aktuellen Jahrgangs und den noch nicht abgewanderten Jungtieren aus dem Vorjahr. Ein Paar gilt erst als Rudel, wenn Nachwuchs nachgewiesen wird. In unseren gemäßigten Zonen besetzt je ein Rudel ein Revier, ist also ortstreu. In diesem Revier dulden die Elterntiere in der Regel nur ihre Jungtiere bis zu einem Alter von zwei Jahren und sonst keine anderen Wölfe.

Wo können Wölfe leben?

▸ Wölfe benötigen keine Wildnis. Als anpassungsfähige Tierart können Wölfe in sehr vielen Landschaften leben, solange diese ausreichend Beutetiere und Rückzugsmöglichkeiten für die Jungenaufzucht bieten und der Mensch sie leben lässt. Auf Deutschland bezogen bedeutet dies, dass es in nahezu jedem Bundesland geeignete Wolfsregionen gibt.

Werden bald überall in Deutschland Wölfe leben?

▸ Nein, verschiedene Untersuchungen und Modelle zeigen, dass es immer auch Gegenden geben wird, in denen Wölfe nicht dauerhaft leben können. Dort gibt es zu wenig Wild, nicht ausreichend Rückzugsräume oder zu viele Straßen. Das zeigt sich zum Beispiel in Italien, das ähnlich dicht wie Deutschland besiedelt und von Straßen zerschnitten ist. Klar ist aber, dass Wölfe zum Beispiel im Zuge der Abwanderung von Jungtieren auch in solchen, eher wolfsuntypischen Regionen, zumindest kurzfristig auftauchen können.

Wie groß ist ein Wolfsrevier in Deutschland?

▸ Die Größe eines Wolfsreviers ist variabel und hängt vor allem von der verfügbaren Nahrung aber auch von ausreichenden Rückzugsgebieten ab. Gibt es mehr Beute, ist das Revier kleiner und

Wolf – Canis lupus
Vorkommen in Deutschland
Monitoringjahr 2017/18

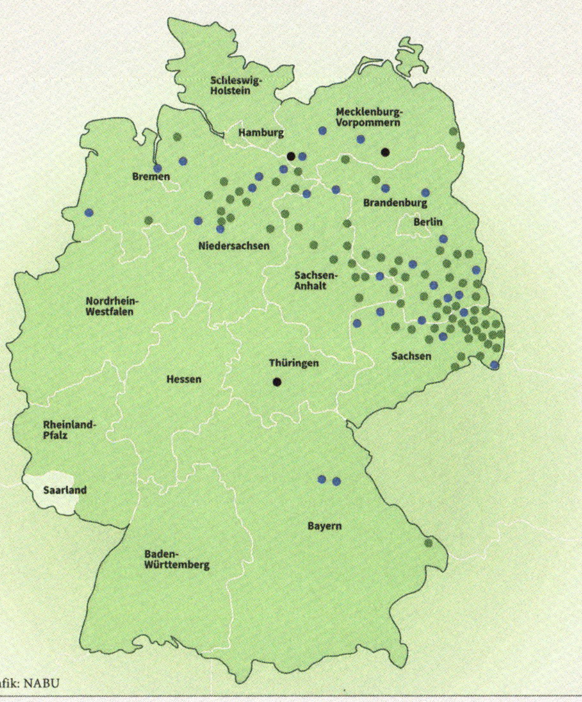

	Rudel*	Paare	Einzel-tiere**
Gesamt	73	30	3
Brandenburg	26	12	-
Sachsen	18	4	-
Niedersachsen	13	9	-
Sachsen-Anhalt	11	-	-
Mecklenburg-Vorpommern	4	3	2
Bayern	1	2	-
Thüringen	-	-	1

Bundesland mit mindestens kurzzeitiger Anwesenheit seit 2000

* Ein Rudel besteht aus zwei adulten Wölfen mit nachgewiesenem Nachwuchs.
**Territoriale Wölfe

Quellen:
Dokumentations- und Beratungsstelle des Bundes zum Thema Wolf (DBBW), Stand 26.11.2018; Zahlen beziehen sich auf das Monitoringjahr 2017/18; ein Monitoringjahr erstreckt sich von Anfang Mai bis Ende April des darauffolgenden Jahres.

Grafik: NABU

umgekehrt. In Deutschland nutzt eine Wolfsfamilie ein Territorium von rund 250 Quadratkilometern – im europäischen Vergleich entspricht dies dem Durchschnitt.

Woher kommen die deutschen Wölfe?

▶ Die Wölfe in den nördlichen Bundesländern stammen von den Nachkommen eingewanderter Tiere aus Ostpolen ab. Die Tiere der südlichen Bundesländer stammen zumeist aus den Alpen und der italienischen Population.

Was ist ein »Kofferraumwolf«?

▶ Immer wieder tauchen Gerüchte auf, Natur- oder Tierschützer würden Wölfe einfangen und sie dann in bisher wolfsfreien Gebieten aussetzen, also Wölfe im Kofferraum durch Europa bzw. Deutschland transportieren. Diese Gerüchte sind falsch. Fakt ist, dass Wölfe ausgesprochene Langstreckenläufer sind – sie legen weite Strecken in kurzer Zeit (bis zu 75 Kilometer pro Tag) zurück, wie Forschungsergebnisse besenderter Wölfe belegen. Es besteht also gar keine Notwendigkeit, der natürlichen Verbreitung nachzuhelfen. Durch intensive genetische Untersuchungen kann man zudem genaue Aussagen über die Herkunft einzelner Wölfe treffen.

BIOLOGIE DER WÖLFE

Woran erkenne ich einen Wolf?

► Wölfe und Hunde werden häufig miteinander verwechselt, da Hunde als direkte Wolfsnachfahren natürlich viele ähnliche Merkmale aufweisen. Es gibt sogar Hunderassen, die gezüchtet wurden, um dem Wolf möglichst ähnlich zu sehen.

Besondere Merkmale eines erwachsenen Wolfes sind sein heller Schnauzenbereich, seine kleinen, dreieckigen Ohren und ein dunkler Sattelfleck auf dem Rücken. Das Bauchfell ist eher hellbraun, auf dem Rücken etwas dunkler, mit Schwarz durchsetzt. Darüber hinaus hängt der Schwanz fast immer herunter und hat eine dunkle Spitze. Wölfe haben eine auffällige Mähne im Winterfell, erscheinen aber im Sommerfell sehr hochbeinig und mager.

Stimmt es, dass Wolfsspuren anders aussehen als die von Hunden?

► Der Unterschied ist minimal und kann selbst von Experten nur in seltenen Fällen ganz eindeutig erkannt werden. Generell gilt, dass man anhand eines einzelnen Pfoten-Abdrucks keine Aussage machen kann.

Allerdings trabt der Wolf auf langen Strecken so, dass die Hinterpfote genau an die Stelle gesetzt wird, wo zuvor die Vorderpfote abgesetzt wurde. Man spricht bei diesem speziellen Abdrücken (Trittsiegeln) vom »Tritt-in-Tritt«. Findet man diesen Tritt-in-Tritt als Fährte über eine längere Distanz, ist das ein Hinweis auf einen

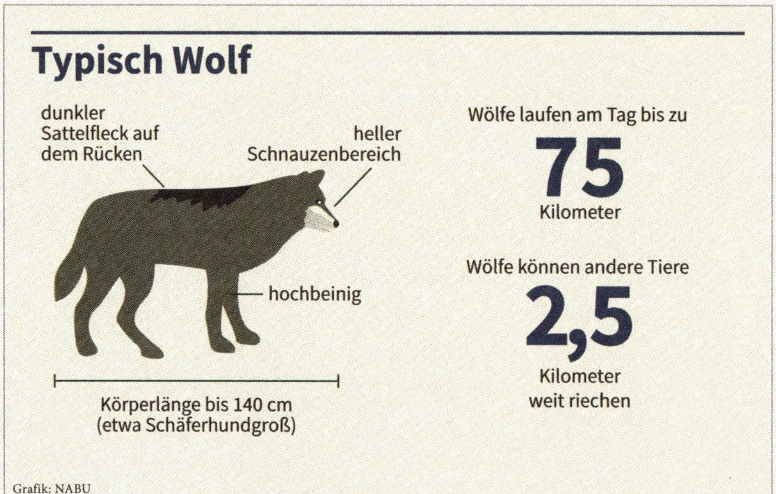

Grafik: NABU

Wolf. Den »geschnürten Trab« kennt man sonst noch von Füchsen – nur eben auf viel kleineren Pfoten. Hunde hingegen nutzen diese Gangart nur selten so ausdauernd wie der Wolf. Umgekehrt bewegt sich ein Wolf auch manchmal nicht im Trab. Die sichere Unterscheidung zwischen Fährten von Wolf und Hund kann deshalb nur durch Experten unter Betrachtung verschiedener Merkmale erfolgen.

Wie erkenne ich, ob ein Wolf in der Region ist?

► In der Regel bleibt die Anwesenheit des Wolfes für die Bevölkerung unentdeckt. Zufällige Beobachtungen und Spurenfunde sind oft die ersten Anzeichen, die aber nur durch kundige Experten bestätigt werden können. Eine aktive Suche nach Hinweisen wird durch speziell geschulte Personen, oft Naturschützer oder Jäger, im Rahmen des sogenannten Monitoring durchgeführt. In der Regel informieren dann die regional zuständigen Ämter und Personen die Presse sowie Nutztierhalter, wenn ein Wolf in einer Region nachgewiesen wurde.

Sind Wölfe Einzelgänger?

► Jein. Je nachdem, in welcher Lebensphase sich ein Wolf befindet, ist er Familien- oder Einzelwolf. Die übliche Sozialstruktur der Wölfe ist das Rudel – vergleichbar mit einer menschlichen Kleinfamilie. Junge, erwachsene Wölfe verlassen ihr Elternrudel mit etwa zwei Jahren, um sich ein eigenes Territorium und einen Partner zur Gründung eines Rudels zu suchen. Diese Jungwölfe gehen meistens alleine auf Wanderschaft. Sie können sich dann auch gut alleine ernähren, indem sie Rehe oder junge Wildschweine erbeuten.

Welche Sozialstruktur hat ein Rudel?

► Das Rudel ähnelt einer menschlichen Kleinfamilie: Es gibt ein Elternpaar, das meist lebenslang zusammenlebt und gemeinsam ein Revier besetzt. Darin dulden sie außer ihrem eigenen Nachwuchs keine anderen Wölfe. In der Regel bringt eine Wölfin jedes Jahr drei bis acht Welpen zur Welt. Die Welpen des Vorjahres nennt man Jährlinge – gewissermaßen die Jugendlichen der Familie. Meist werden die Jährlinge mit 10 bis 22 Monaten geschlechtsreif und wandern auf der Suche nach einem eigenen Revier und eigenem Partner ab.

Wie viele Tiere leben in einem Rudel?

▸ Im langjährigen Mittel, also schwankend zwischen der jährlichen Geburt, der hohen Welpensterblichkeit sowie der Abwanderung der Jungwölfe, pendelt sich die Anzahl der Tiere bei rund acht Wölfen pro Rudel ein.

Wie hoch ist die natürliche Sterblichkeit von Wölfen?

▸ Wie bei allen Säugetieren ist die natürliche Sterblichkeit vor allem in den ersten zwei Lebensjahren sehr hoch und kann – insbesondere durch Nahrungsmangel oder Krankheiten – bis zu 50 Prozent erreichen. Verkehrsunfälle und illegale Tötungen tragen darüber hinaus zur Sterblichkeit bei.

Wovon ernährt sich der Wolf?

▸ Die Hauptnahrung des Wolfes in Deutschland ist das Reh (53 Prozent), gefolgt von Rotwild (15 Prozent) und Wildschweinen (18 Prozent). Dies haben Untersuchungen des Senckenberg Museums für Naturkunde (Görlitz) an über 6000 gesammelten Kotproben aus den Jahren 2001 bis 2016 ergeben (siehe Webseite der DBBW). Zu einem kleinen Teil (ca. 13 Prozent) stehen auch Damhirsch, Muffelschaf, Hase und andere kleine und mittelgroße Säuger auf dem Speiseplan. Mit etwa einem Prozent der erbeuteten Biomasse sind Nutztierrisse die Ausnahme und spielen als Nahrung für das Überleben der Wölfe keine Rolle.

Wie viel frisst ein Wolf?

▸ Es gibt in der wissenschaftlichen Literatur verschiedene, zum Teil stark unterschiedliche Zahlen dazu, wie viel Beute ein Wolf benötigt. Demnach liegt der durchschnittliche Bedarf zwischen zwei und fünf Kilogramm reinem Fleisch pro Tier und Tag. Es ist für Wölfe jedoch völlig normal, mehrere Tage lang keine Nahrung aufzunehmen. Die Berechnung der Nahrungsmenge ist auch deshalb so schwer, weil Beutetiere nicht nur aus Fleisch, sondern auch aus Fell und Knochen bestehen, die in unterschiedlicher Weise verwertet werden.

Gibt es für Wölfe in Deutschland ausreichend natürliche Beute?

▸ Ja. Deutschland hat einen sehr hohen Bestand an Rehen, Rothirschen und Wildschweinen, was die beständig hohen Abschusszahlen der Jäger belegen.

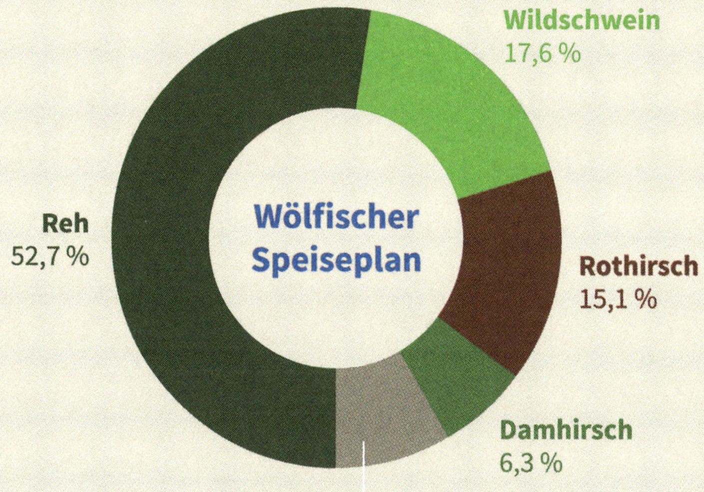

- Hasenartige 3,5 %
- unbestimmte Hirschartige 2,4 %
- Nutztiere 1,1 %
- mittelgroße und kleine Säuger 0,7 %
- Mufflon (Wildschaf) 0,5 %
- unbestimmte Säuger, Wildvögel, Fische und Früchte 0,1 %

Biomasseanteile der Beutekategorien/-arten in der Nahrungszusammensetzung der Wölfe aus Deutschland im Zeitraum 2001 bis 2016. Untersucht wurden 6.581 Kotproben. Quelle: Senckenberg Museum für Naturkunde Görlitz

Grafik: NABU/Nicole Stock

Sind einheimische Beutetiere im Wolfsgebiet von der Ausrottung bedroht?

► Nein. Wölfe erbeuten nur einen Teil des Wildes, wie es für andere Räuber-Beute Beziehungen in der Natur generell gilt. Die Befürchtung, Wölfe im Revier würden den ganzen Wald leer fressen, ist daher unbegründet – das zeigen die Beobachtungen in der Lausitz, wo das Wechselspiel zwischen Beute (Wild) und Räuber (Wolf) seit vielen Jahren funktioniert. Das Wild stellt sich nach und nach in seinem Verhalten wieder auf den Wolf ein und wendet dabei seine im Laufe der Evolution entwickelten Feindvermeidungsstrategien an. Zum Beispiel ändert es häufiger seine Einstände (Aufenthaltsorte) und nutzt andere Wechsel (Wege).

WOLF UND NUTZTIER

Fressen Wölfe auch Nutztiere?

▸ Wölfe bevorzugen Huftiere als Nahrungsgrundlage. Neben Wildtierarten wie Rehen, Rothirschen und Wildschweinen zählen zu den Huftieren auch Nutztiere wie Schafe und Ziegen. Für sie müssen in Wolfsregionen flächendeckend Schutzmaßnahmen ergriffen werden, denn bei ihren langen Streifzügen kommen Wölfe immer wieder mit Nutztieren in Weidehaltung in Kontakt. Sind Nutztiere nicht oder nur schlecht geschützt, wird der Wolf versuchen, leichte Beute zu machen. Neben Ziegen und Schafen sind seltener auch Rinder, Pferde oder Gehegewild betroffen.

Erlegen Wölfe mehr Nutztiere, als sie sofort fressen können?

▸ Das kann vorkommen. Das »Überangebot« von Beute auf einer Weide stellt für den Wolf eine unnatürliche Situation dar, weshalb er eventuell mehr Tiere tötet, als er sofort verspeist. Vom sogenannten »Beuteschlag-Reflex« (umgangssprachlich auch »Blutrausch«) spricht man, weil die eingezäunten Weidetiere nicht flüchten können und der Jagdtrieb des Wolfes dadurch immer wieder ausgelöst wird. Normalerweise würden Wölfe, die auch Aas zu sich nehmen, später zurückkehren, um die »überschüssige« Beute zu fressen.

Was sind Herdenschutzhunde?

▸ Herdenschutzhunde sind ausgebildete Hunde, die den Wolf (oder auch wildernde Hunde, Füchse, Rabenvögel und Diebe) als Bedrohung für die Schafherde ansehen und sich ihnen in den Weg stellen. Als Welpen werden sie in die Schafherde integriert. Herdenschutzhunde sehen die Schaf- oder Ziegenherde daher als ihr Rudel an, das sie bereit sind, zu verteidigen. In den allermeisten Fällen werden Wölfe alleine durch die Präsenz und das laute Bellen der Herdenschutzhunde davon abgehalten, Schafe anzugreifen: Wölfe müssen stets Aufwand bzw. Verletzungsrisiko und Erfolg gegeneinander abwägen. Ein großer Hund ist eine Gefahr, der ein Wolf in der Regel aus dem Weg geht und dann nach leichterer Beute sucht.

Steckbrief Herdenschutzhund

afik: NABU

Reicht die Anschaffung eines Herdenschutzhundes, um Sicherheit für Schafherden zu haben?

▸ Nein, die Hunde müssen professionell ausgebildet und betreut werden. Eine erfahrene Person muss das Verhalten der Hunde regelmäßig kontrollieren. Je nach Herdengröße sind zwei bis drei Hunde nötig, um den Schutz zu gewährleisten und die Hunde nicht zu überfordern.

Die Eignung eines Herdenschutzhundes ist in der Regel im Alter von zwei bis drei Jahren erreicht. Da er in dieser Zeit aber von einem erfahrenen Hund angeleitet wird, besteht auch in der »Ausbildungszeit« in der Regel ein guter Schutz für die Weidetiere.

Ist der Einsatz von Herdenschutzhunden etwas Neues?

▸ Nein, sie wurden einst auch in Deutschland eingesetzt. Mit der Ausrottung des Wolfs in Deutschland haben Schäfereibetriebe die Haltung von Herdenschutzhunden aufgegeben, obwohl es auch weiterhin noch wildernde Hunde gab. In anderen Ländern Europas wie zum Beispiel Italien, Rumänien und Bulgarien, in denen Wolf und Bär nie ausgerottet wurden, lebt die Tradition der Herdenschutzhunde bis heute fort. Von den Schäfereibetrieben dort können wir heute wichtige Hinweise für den Herdenschutz in Deutschland erhalten.

Warum setzt sich der NABU für den Herdenschutz bei Schäfereien ein?

► Der NABU möchte grundsätzlich zu einem konfliktarmen Miteinander von Wolf und Mensch beitragen und so zur Koexistenz der für den Naturschutz so wichtigen Weidetierhaltung und des Wolfes beitragen. Die traditionelle Schäferei hat über Jahrtausende in den Mittelgebirgen (Fränkischer Jura, Schwäbische Alb etc.), in den Alpen und in der norddeutschen Tiefebene (zum Beispiel Lüneburger Heide) Deutschlands einmalige Kulturlandschaften geschaffen. Ohne eine zukunftsfähige Schäferei können diese wertvollen Landschaften nicht erhalten werden.

Schafhaltung ist ein Knochenjob: Von früh bis spät, bei Wind und Wetter sind Schäferinnen und Schäfer das ganze Jahr über pausenlos im Einsatz – bei sehr geringer Entlohnung und sinkenden Preisen für Wolle, Milch und Fleisch. Schafe und Ziegen sind aber auch die Nutztiergruppen, die am stärksten von Wolfsangriffen betroffen sein können.

Deswegen nimmt der NABU die Sorgen der Nutztierhalter sehr ernst und setzt sich zum Beispiel auf politischer Ebene für eine umfangreiche Unterstützung ein und sucht den Kontakt zu Schäferinnen und Schäfern in gemeinsamen Projekten.

Gibt es einen hundertprozentigen Schutz vor Wolfsübergriffen auf Nutztiere?

► Jede Weide ist anders, und Schutzmaßnahmen müssen individuell angepasst werden. Einen hundertprozentigen Schutz vor Wolfsübergriffen gibt es nicht. Jedoch zeigt sich, dass die Übergriffe von Wölfen dort, wo flächendeckend Herdenschutzmaßnahmen entsprechend dem empfohlenen Schutz eingesetzt werden, so stark zurückgehen, dass sie zur seltenen Ausnahme werden.

Werden Landwirte bei dem Schutz ihrer Herden unterstützt?

► Ja, aber in vielen Fällen könnte die Unterstützung verbessert werden. In fast allen Bundesländern mit dauerhaftem Wolfsvorkommen gibt es über die Umwelt- bzw. Landwirtschaftsministerien Regelungen, wie Nutztierhalter beim Schutz ihrer Herden finanziell unterstützt werden. Herdenschutzzäune und in manchen Bundesländern auch Herdenschutzhunde werden teilfinanziert. Außerdem gibt es Personen, die Nutztierhalter auf Wunsch persönlich vor Ort beraten.

Bedeutet die Anwesenheit von Wölfen für Nutztierhalter einen erhöhten Arbeitsaufwand?

► Ja. Nutztierbetriebe müssen die Betriebsabläufe auch auf die Anwesenheit des Wolfes anpassen. Die entsprechenden Schutzmaßnahmen müssen Teil der guten fachlichen Praxis werden. Um einen ausreichenden Schutz zu gewährleisten, müssen die Weideflächen vorbereitet werden, Zäune aufgestellt und regelmäßig kontrolliert werden. Das kostet Zeit und Geld.

Gibt es Schadensausgleich für den Tierhalter, wenn ein Tier durch den Wolf gerissen wurde?

► Ja, in den Bundesländern mit dauerhaften Wolfsvorkommen ist geregelt, dass der wirtschaftliche Schaden aufgefangen wird, wenn der Wolf als Verursacher nachgewiesen oder mit hoher Wahrscheinlichkeit angenommen wird. Dies wird durch einen Rissgutachter und genetische Analysen festgestellt. Die emotionale Belastung und der Mehraufwand der Nutztierhalter werden nicht ausgeglichen.

Könnte eine eingeschränkte Bejagung der Wölfe helfen, Schäden an Nutztieren zu verhindern?

► Nein. Die Tötung eines Wolfes ist ein völlig ungeeignetes Mittel zum Schutz von Nutztieren. Nach dem Abschuss einzelner Tiere, würden zuwandernde Wölfe die entstandene Lücke höchst wahrscheinlich schließen und Nutztiere, die nicht ausreichend geschützt sind, als leichte Beute nutzen. Daher sind Herdenschutzmaßnahmen in Wolfsgebieten unabdinglich und können durch eine Bejagung keinesfalls ersetzt werden.

Müssen Landwirte wegen des Wolfes ihren Betrieb aufgeben?

► Nein. Zwar gibt es vielerorts einen Rückgang traditioneller Viehhaltebetriebe – die Rückkehr des Wolfes ist aber nicht der Hauptgrund dafür. Der Rückgang von Schäfereibetrieben zum Beispiel hängt unter anderem mit steigenden Kosten bei gleichzeitig stagnierenden oder fallenden Erlösen, mit dem Verlust von Weideflächen und abnehmenden Leistungen im Vertragsnaturschutz zusammen.

In vielen Fällen findet sich bei Schäfereibetrieben auch schlicht keine Hofnachfolge, da das Berufsbild des Schäfers besondere Anforderungen an Motivation und Leistungsbereitschaft stellt und mit heutigen Lebensstilen oft nur schwer vereinbar ist. Die

Rückkehr des Wolfs und der mit dem Herdenschutz verbundene Mehraufwand können der berühmte Tropfen sein, der das Fass zum Überlaufen bringt.

Um dem entgegenzuwirken, wären entsprechende Fördermaßnahmen, die die Einkommenssituation in der traditionellen Weidehaltung verbessern, nötig. Die Fördermaßnahmen müssten so gestaltet sein, dass der wichtige Beitrag, den diese Berufsgruppen zum Erhalt unserer Ökosysteme leisten, insgesamt angemessen entlohnt wird.

MENSCH UND WOLF

Sind Wölfe für Menschen gefährlich?

▸ Gesunde Wölfe, die nicht provoziert oder angefüttert werden, stellen für den Menschen in der Regel keine Gefahr dar. Seit dem Jahr 2000 – seitdem es Wölfe wieder in Deutschland gibt – hat es keine Situation gegeben, bei der sich frei lebende Wölfe aggressiv gegenüber Menschen verhalten haben.

Wieso zeigen sich Wölfe von Autos und Traktoren oft unbeeindruckt?

▸ Beobachtungen zeigen, dass Wölfe Personen in Autos oder auf Traktoren in der Regel nicht als solche wahrnehmen. Daher kommt es oft zu Sichtungen, bei denen Wölfe recht nah an Fahrzeuge herankommen.

Diese Begegnungen belegen keinesfalls ein auffälliges Verhalten oder einen vermeintlichen Verlust von Scheu. Vielmehr sind Fahrzeuge für Wölfe weder besonders interessant, noch nehmen Sie diese als Bedrohung war. Erst wenn Menschen aussteigen und sich gegebenenfalls mit lauter Stimme oder ähnlichem bemerkbar machen, ziehen sich Wölfe zurück.

Wieso gehen Wölfe in Siedlungen?

▸ Wölfe brauchen keine Wildnis und leben mit uns in der Kulturlandschaft. Daher ist eine Wolfs-Sichtung in der Nähe von Siedlungen an sich nichts Ungewöhnliches. Bei einer Reviergröße von 200 bis 300 Quadratkilometern liegen immer Ortschaften und Gehöfte mitten im Wolfsrevier. Bei ihrer Wanderung wählen sie schlicht den kürzesten und oftmals auch den bequemsten Weg – und der kann schon mal mitten durch eine Siedlung gehen.

In Rumänien und Russland, wo es deutlich mehr Wölfe als in Deutschland gibt und der Wolf nie ausgerottet war, gibt es häufig Berichte von Wölfen, die in Siedlungen gesehen werden, ohne dass es zu gefährlichen Situationen kommt.

Wie soll ich mich verhalten, wenn ich einem Wolf begegne?

► Bei Begegnungen mit Wölfen werden sowohl in den USA als auch in den europäischen Nachbarländern, die seit jeher »Wolfsländer« sind, eine Reihe von Empfehlungen gegeben, die auch für den Umgang mit anderen Wildtieren gelten:

Beobachten Sie das Tier ruhig. Lassen Sie ihm genug Raum, damit es sich zurückziehen kann. Wenn Sie sich unwohl fühlen, richten Sie sich auf und machen Sie sich groß. Lautes, energisches Rufen oder Klatschen kann den Wolf vertreiben. Laufen oder fahren Sie einem Wolf nicht hinterher, versuchen Sie niemals, in anzulocken oder zu füttern. Wenn möglich, machen Sie aus der Distanz Fotos.

Ziehen sie sich langsam zurück und melden Sie Ihre Beobachtung an die zuständige Wolfsberatung oder an die zuständige Behörde im Landratsamt. Wolfsberater und Wolfsbeauftragte sammeln in den einzelnen Bundesländern Hinweise auf Wölfe und können Ihnen über Wölfe Auskunft geben. Die Ansprechpersonen in Ihrem Bundesland finden Sie unter *www.dbb-wolf.de*.

Können sich gefährliche Krankheiten von Wölfen auf Menschen übertragen?

► Das wäre grundsätzlich bei der Tollwut möglich. Deutschland gilt allerdings seit 2008 als tollwutfrei und auch in Polen kommt sie nur noch in den östlichsten Regionen vor. Der Wolf ist allerdings auch nicht Hauptträger der Krankheit, sie wird vor allem vom Fuchs verbreitet. Ein erkrankter Wolf aus Ostpolen wäre körperlich kaum in der Lage, Deutschland zu erreichen – er würde laut Biologen nicht mehr genügend ausdauernd laufen können und damit noch vor Erreichen der Grenze an der Krankheit versterben.

Sind Waldbesucher durch Wölfe gefährdet?

► Der Wald wird durch die Rückkehr des Wolfes nicht gefährlicher. Von Wildschweinen beispielsweise geht durch ihre Wehrhaftigkeit und große Anzahl allein statistisch gesehen eine größere Gefahr aus als vom Wolf.

In Deutschland hat es seit der Rückkehr der Wölfe im Jahr 2000 keine Situation gegeben, in der sich ein Wolf einem Menschen aggressiv genähert hat. In vielen europäischen Staaten leben Menschen und Wölfe seit Jahrhunderten in der gleichen Region. Trotz aller Vorsicht: Eine hundertprozentige Sicherheit gibt es in der freien Natur ebenso wenig wie beim Zusammenleben mit Haustieren.

Was ist, wenn ich aus Angst vor dem Wolf nicht mehr in die Natur gehen möchte?

▶ Angst ist eine körperliche Reaktion auf eine unbekannte oder unsichere Situation. Man kann dieses Empfinden nicht abschalten. Wer sich jedoch über sachliche Informationen mit der Lebensweise des Wolfes vertraut macht, kann Situationen besser einschätzen. Dann wird klar, dass es unbegründet ist, wegen des Wolfs die Natur zu meiden. In vielen Staaten der Erde gehören Wanderungen durch Wolfsgebiete zur völligen Normalität. Auch deshalb begleitet der NABU die Rückkehr der Wölfe seit dem Jahr 2005 mit einer umfangreichen Informationsarbeit.

Was muss man beachten, wenn man einen Wald betritt, in dem Wölfe leben?

▶ Wichtig ist es, die Grundregeln im Zusammenleben mit Wildtieren zu beachten: respektvoll Abstand einhalten, kein Nachlaufen hinter Tieren, Jungtiere nie anfassen oder aufnehmen, kein Aufsuchen von Bauten oder Wurfhöhlen, niemals Tiere füttern. Diese Regeln gelten ebenso für den Umgang mit anderen Tieren wie Fuchs und Wildschwein, die wehrhaft sind und fast überall in unseren Wäldern leben.

Können Kinder alleine in einen Wald gehen, in dem es Wölfe gibt?

▶ Auch in anderen europäischen Ländern, in denen es Wölfe seit vielen Jahrzehnten gibt, spielen Kinder im und am Wald. Häufig müssen Kinder auch auf dem Weg zur Schule Wälder durchqueren, ohne dass hierbei Zwischenfälle bekannt geworden sind. Grundsätzlich ist es wichtig, schon den Kindern die Regeln für den Umgang mit Wildtieren beizubringen.

Kleinkinder sollten übrigens immer beaufsichtigt werden – im Wald wie in der Stadt.

Was muss ich beachten, wenn ich mit meinem Hund durch ein Wolfsrevier laufe?

► Auch für Hundehalter gibt es eine Reihe von Empfehlungen aus »alten« Wolfsländern wie den USA oder benachbarten europäischen Wolfsländern:

Der Hund sollte sich stets nah am Menschen aufhalten, da er ansonsten vom Wolf als Eindringling oder potenzieller Paarungspartner wahrgenommen werden kann. Trifft der Hund alleine auf einen Wolf, wird er womöglich angegriffen oder verjagt. Das Beste ist es deshalb, seinen Hund in Wolfsgebieten anzuleinen und sich ggf. ebenfalls langsam zurückzuziehen. Die Leinenpflicht ist während der Brut- und Setzzeit und Wäldern mit besonderer Ausweisung unabhängig von der Anwesenheit von Wölfen zu beachten.

Wird es für den Menschen schwieriger, Wildtiere zu bejagen?

► Bei sehr statischen Jagdmethoden ist dies wahrscheinlich, denn die potentiellen Beutetiere des Wolfs ändern zum Teil ihr Verhalten, um unberechenbarer für den Wolf zu sein. Seitdem Wölfe in der Lausitz wieder heimisch sind, kann man anhand der weiterhin hohen Abschusszahlen zum Beispiel von Rehen feststellen, dass trotz Wolf weiterhin erfolgreich gejagt werden kann. Es kann aber sinnvoll oder notwendig sein, dass Jäger ihre Jagdstrategien anpassen.

Welche Erfahrungen gibt es bisher zu Begegnungen zwischen Mensch und Wolf?

► Die Erfahrungen seit der Rückkehr des Wolfes nach Deutschland im Jahr 2000 zeigen, dass Wölfe in der Regel Menschen aus dem Weg gehen. Das bedeutet aber nicht unbedingt, dass Wölfe sofort die Flucht ergreifen, sobald sie auf einen Menschen treffen. Jungtiere sind teilweise neugieriger und unbedarfter als erwachsene Wölfe. Im Normalfall ziehen sich Wölfe aber zurück.

Dennoch gibt es auch einzelne Situationen, in denen Nahbegegnungen von Mensch und Wolf geschildert werden – in diesen Fällen zeigten die Wölfe jedoch nie eine Aggression gegenüber den Menschen. Als Gründe hierfür kommen äußere Ursachen infrage: Einzelne Wölfe, die beispielsweise gefüttert werden bzw. regelmäßig menschliche Speiseabfälle fressen oder sich anderweitig an den Menschen gewöhnen, können sich auffällig vertraut gegenüber Menschen verhalten. Hierbei gilt: Von gesunden Wölfen geht in der Regel keine Gefahr aus.

Was ist die Aufgabe des Wolfsmanagements?

▶ Durch das Wolfsmanagement, das in einigen Ländern bereits gut etabliert ist, sollen Konflikte zwischen Mensch und Wolf minimiert werden. So werden in Managementplänen und Richtlinien Hinweise für die Bevölkerung gegeben, Herdenschutzmaßnahmen und Ausgleichsregelungen erläutert und Handlungsabläufe für den Umgang mit verletzten Wölfen dargestellt. Eine weitere wichtige Aufgabe des Managements ist darüber hinaus die Öffentlichkeitsarbeit und der Informationsaustausch.

Was bedeutet »Entnahme« und wann darf ein Wolf getötet werden?

▶ Die Entnahme schließt das Fangen aber auch das Töten einzelner Tiere ein. Wenn eine Genehmigung der zuständigen Naturschutzbehörde des entsprechenden Bundeslandes vorliegt, kann die Entnahme in Einzelfällen durch fachkundige Personen angeordnet werden.

Wann kann eine zuständige Naturschutzbehörde das Töten eines bestimmten Wolfes anordnen?

▶ Wenn ein Wolf sich Menschen gegenüber aufdringlich zeigt, er wiederholt und trotz Schutzmaßnahmen Nutztiere tötet (»oder wenn er aufgrund eines Unfalls, illegaler Verfolgung oder Krankheiten Schmerzen leidet und eine Behandlung nicht erfolgversprechend ist, dann kann ein Wölf getötet werden. Diese Regelungen sind durch § 45 des Bundesnaturschutzgesetzes definiert.

SCHUTZ UND GEFÄHRDUNG DER WÖLFE

Warum wurde der Wolf nahezu ausgerottet?

▶ Viele Jahre lang galt der Wolf als Feind des Menschen und wurde intensiv verfolgt: Die Gesellschaft früherer Jahrhunderte war durch eine kleinbäuerliche Bevölkerung ohne soziale Sicherungssysteme geprägt. Die harte Arbeit aller Familienmitglieder diente der Selbstversorgung und somit hing das Überleben einer Familie von den eigenen Nutztieren ab. Schafe, Schweine und Ziegen wurden in den Wald und auf die Weiden getrieben und waren – ohne funktionierenden Herdenschutz (stromführende Zäune gab es noch nicht) – eine leichte Beute für Wölfe. Der Verlust jedes einzelnen

Tieres war ein existenzgefährdender Einschnitt für die Familie und somit wurde der Wolf als große Bedrohung wahrgenommen.

Die Feudalherrschaften sahen im Wolf zudem einen Jagdkonkurrenten, der sich ohne Rücksicht auf königliche oder herrschaftliche Jagdrechte am Wild vergriff. Zur Beruhigung der Bevölkerung und um den Jagdkonkurrenten auszuschalten, wurden Wölfe intensiv bejagt. Soziale Anerkennung für ihr Heldentum erhielten jene, die den Wolf als »Kulturfeind« erfolgreich bekämpften. Der wahrscheinlich vorerst letzte deutsche Wolf wurde 1904 bei Hoyerswerda (Oberlausitz, Sachsen) zur Strecke gebracht. Bis auf von Polen aus einwandernde Einzeltiere, die zeitnah erschossen wurden, war Deutschland, bis zur Rückkehr des Wolfes im Jahre 2000, also fast 100 Jahre wolfsfrei.

Warum kommen Wölfe zurück?

► Wölfe stehen seit vielen Jahren in Deutschland und Europa unter strengem Schutz und dürfen nicht mehr geschossen werden. Unsere Landschaft ist für den Wolf geeignet und die Bestände der Beutetiere wie Reh, Rothirsch und Wildschwein sind vielerorts hoch. Da Wölfe sehr wanderfreudig sind, können sie weite Wege zurücklegen und aus Wolfspopulationen angrenzender Länder, in denen Wölfe nie ausgerottet wurden, nach Deutschland in Teile ihres ursprünglichen Verbreitungsgebiets zurückkehren.

Welchen gesetzlichen Schutzstatus genießt der Wolf?

► Der Wolf ist durch internationale und nationale Gesetze streng geschützt. In der Europäischen Union unterliegt er den Anhängen II, IV und V der Fauna-Flora-Habitat-Richtlinie. Auf Bundesebene ist der Wolf durch das Bundesnaturschutzgesetz streng geschützt. Er hat damit den höchstmöglichen Schutzstatus.

Wodurch wird die Ausbreitung des Wolfes aufgehalten?

► Der Wolf kann überall dort leben, wo er genügend Beute findet und Rückzugsgebiete zur Aufzucht der Welpen vorhanden sind. Letztlich reduziert also in erster Linie die dichte Besiedlung und die Zerschneidung der Landschaft durch das Straßen- und Schienennetz sein potentielles Verbreitungsgebiet. Illegale Tötungen und der Straßenverkehr sind in Deutschland die häufigsten nichtnatürlichen Todesursachen bei Wölfen.

Welche Maßnahmen können gegen Verkehrsunfälle mit Wölfen sinnvoll sein?

▶ Aufmerksames Fahren und gemäßigte Geschwindigkeiten dienen grundsätzlich dazu, das Risiko für Verkehrsunfälle aller Art – also auch mit Wildtieren – zu verringern. Zäune und Querungshilfen wie Grünbrücken können verhindern, dass Tiere (egal ob Wolf, Reh oder Wildschwein) sich der Fahrbahn überhaupt nähern. Außerdem können Wildwarnanlagen und Hinweisschilder die Aufmerksamkeit der Autofahrer auf Wildtiere erhöhen. Aus Skandinavien ist bekannt, dass ein Grünstreifen zwischen Fahrbahnrand und Wald zudem die Wahrscheinlichkeit erhöht, dass Autofahrer Tiere frühzeitig erkennen.

Wo sollten Maßnahmen gegen Verkehrsunfälle mit Wölfen angewendet werden?

▶ Wölfe nutzen sehr große Reviere und können bei ihren täglichen, etwa 40 Kilometer langen Wanderungen häufig Straßen überqueren. Da das Revier einer Wolfsfamilie rund 250 Quadratkilometer groß ist, können viele Maßnahmen nicht flächendeckend umgesetzt werden. Eine Zäunung aller Straßen im Wolfsgebiet hätte auch ökologische Auswirkungen, da somit Lebensräume für viele andere Tierarten zerschnitten würden. Daher ist es sinnvoll, Maßnahmen nur dort einzusetzen, wo es bereits wiederholt zu Wildunfällen gekommen ist.

Zwischen den sächsischen Orten Weißwasser und Boxberg wurden beispielsweise auf einem acht Kilometer langen Straßenabschnitt, auf dem bereits viele Wölfe und andere Wildtiere umgekommen sind, Hinweisschilder aufgestellt, eine bereits vorhandene Brücke wurde naturnah gestaltet und der Straßenrand gehölzfrei gehalten – mit Erfolg!

Müssen Wolfsbestände durch menschliche Bejagung reguliert werden?

▶ Nein. Als Spitzenprädator hat der Wolf zwar keine natürlichen Feinde in Form von anderen, größeren Tieren, die Verfügbarkeit von Nahrung und geeigneter unbesetzter Gebiete bestimmt jedoch die Bestandsgröße der Wolfspopulation. Daraus ergibt sich ein natürliches Wechselspiel von Vermehrung, Zu- und Abwanderung und Sterblichkeit, die auch von Krankheiten beeinflusst wird. Diese ökologischen Mechanismen regulieren die Wolfspopulation auf natürliche Weise. Eine Regulierung durch den Menschen ist biologisch gesehen nicht notwendig.

Was ist der Unterschied zwischen Bejagung und Entnahme von Wölfen?

► Bei der Bejagung wird regelmäßig, meist jährlich, eine bestimmte Anzahl von Tieren geschossen. Dafür wird für die Tierart eine reguläre Jagdzeit und ggf. eine Abschussquote festgelegt. Für das Töten eines Tieres muss es dazu eine Begründung, wie zum Beispiel das Nutzen des Fleisches, geben. Die Bejagung ist in Deutschland grundsätzlich über die Jagdgesetze der Länder geregelt. Eine Bejagung ist beim Wolf in Deutschland zum Beispiel aufgrund der FFH-Richtlinie der EU derzeit gesetzlich verboten.

Die Entnahme dagegen ist die Tötung eines bestimmten Wolfes aus besonderen Gründen wie Krankheit, Sicherheit oder wirtschaftlichen Schäden. Die Entnahme eines Wolfes ist über das Bundesnaturschutzgesetz (§ 45) geregelt und zudem Bestandteil des Wolfsmanagements der Länder.

Diese und weitere Fragen und Antworten finden Sie auf *www.NABU.de/wolf.*

WIE LEBEN WÖLFE?

NACHSATZ

Ich verstehe immer noch nicht – warum diese Angst, dieser Argwohn? Warum dieser Hass und diese Hetze?

Es gibt interessante Zahlen, über die ich gestolpert bin. Offizielle Zahlen, nackte Statistik sozusagen. 2016 zum Beispiel in Sachsen. Da gab es 56 958 tote Rinder. Ursachen waren laut Tabelle natürlicher Tod, Kälbersterblichkeit, Unfälle und Krankheiten, bei denen zum Teil kein Tierarzt bestellt wurde, weil es wirtschaftlich unrentabel gewesen wäre. Demgegenüber stehen folgende Nutztierverluste durch Wölfe im gleichen Jahr: Schafe/Ziegen 196, Wild 21, Rinder zwei – macht gesamt 219 tote Nutztiere durch Wölfe. In Bayern haben Wölfe im Jahr 2018 fünf Schafe und drei Kälber gerissen, dafür gab es vom Staat 2780 Euro Entschädigung. 2016 wurden in bayerische Tierbeseitigungsanlagen 51 250 tote Schafe eingeliefert. Auch hier viele davon deshalb, weil sich die Behandlung durch einen Tierarzt wirtschaftlich nicht gelohnt hätte. Als sich kürzlich an der bayerischen Grenze ein Jungbär rumtrieb, erinnerte ein Amtstierarzt, dass jedes Jahr in Tirol mehrere Tausend Schafe auf den Almen verschwinden, weil sie abstürzen oder einfach an Krankheiten sterben. Ähnliche Zahlen gibt es aus anderen Bundesländern. Die Frage ist also, worüber reden wir? Was sind das für unterschiedliche Dimensionen?

Neulich sah ich einen Bericht im rbb. »Schäfer gibt auf, wegen dem Wolf«. Reißerische Aufmachung. Ein Schäfer wurde befragt, er teilte mit, dass der Wolf gar nicht der Grund sei für seine Probleme. Die Headline war also vollkommen unpassend und hatte nur wenig mit dem Inhalt des Berichtes zu tun. Es ist nämlich so, dass Schäfer mit ihrem zeitintensiven Beruf so wenig verdienen, dass sie ihre Familien kaum ernähren können. Das liegt vor allem an den fallenden Wollpreisen, dem mangelnden Interesse an Schafsfleisch und einem offenbar ungünstigen Entlohnungssystem für die Beweidung. Der Wolf aber bildet einen interessanten, aktuellen Anlass, auf die Probleme der Schäfer hinzuweisen. Also müssten sich meiner Meinung nach die Schäfer fast schon beim Wolf bedanken, dass er ihrem Überlebenskampf endlich mal eine mediale Plattform bietet. Und natürlich müssen Schäfer gerade auch deshalb vernünftig beim Herdenschutz unterstützt werden.

Der Wolf muss ganz oft für Probleme herhalten, deren Ursachen ganz andere sind. Er bietet die ideale Projektionsfläche für ein klassisches Feindbild, das für den oder das Fremde steht, das unheimliche Unbekannte. Und dann geht es leider ganz schnell um eine Meinung, statt um Tatsachen. Das zu ändern und immer wieder und immer weiter mit Fakten, Zahlen und Zusammenhängen für mehr Wissen zu diesem tollen Tier zu sorgen – das wird auch in Zukunft eine Aufgabe bleiben, die ich gerne unterstütze. Mit Hoffnung und dem Wolf.

Andreas Hoppe ist ein bekannter Schauspieler aus Film und Fernsehen. 22 Jahre verkörperte er Mario Kopper, den Kommissar mit sizilianischen Wurzeln, im Ludwigshafener »Tatort«. Parallel spielte er in verschiedenen Film- und Fernsehproduktionen sowie, vor allem in den ersten Jahren, Theater an verschiedenen deutschen Bühnen. Erwähnt seien das Gripstheater, das Theater an der Parkaue sowie das Theater des Westens und das Kudammtheater. 2009 erschien sein erstes Buch, »Allein unter Gurken«, in Zusammenarbeit mit Jacqueline Roussety. Seitdem bemerkte man sein Interesse und Engagement für Ökologie, Umwelt, Ethik und Fragen des Tierschutzes. Er ist deutschlandweit mit Lesungen unterwegs sowie gern gesehener Gast bei entsprechenden Veranstaltungen und Fernsehsendungen. Seit mehreren Jahren ist er Pate beim Naturvision-Filmfest in Ludwigsburg und wirkte in mehreren Filmdokumentationen mit. Außerdem arbeitete er mit verschiedenen NGOs für Kampagnen zusammen: Nabu, WWF, WDCS und Vier Pfoten.
2017 erschien sein »Sizilien Kochbuch« als Reminiszenz an seinen alten Freund »Mario Kopper«. 2019 erscheint nun sein drittes Buch, »Die Hoffnung und der Wolf«, im Verlag Frederking & Thaler.

Die Danksagung Meinen vielen Unterstützern, auch jenen, die nicht genannt werden oder nicht genannt werden wollen, möchte ich an dieser Stelle von ganzem Herzen danken. Ohne Eure Hilfe, Inspiration, Diskussion, Eure Perspektiven, Erfahrungen und Anregungen hätte dieses Buch nicht entstehen können. | Mein Dank geht an Silke Kirsch, Bettina Schippel und Joachim Hellmuth, der an meine Idee geglaubt und sie möglich gemacht hat. Danke auch dem Verlagshaus GeraNova Bruckmann und seinen Mitarbeitern für ihr Vertrauen. | Danke Imke Heyter vom Tierpark Schorfheide. | Danke Christian Emmerich, unter anderem Präventionsberater für Herdenschutz, *»Du warst so da!«*. | Danke den engagierten und professionellen Fotografen Wiebke Loeper, Thomas Henning (Wisentgehege Springe), Christian Emmerich und Michael Duftschmid, mit dem ich vor Jahrzehnten in Canada war (endlich!). | Danke auch an Konstantin Muffert, mit dem ich »neulich« in Kanada war. | Danke an den Naturfotografen Heiko Anders, der mir die Ehre erwiesen hat, mir seine »Freien Wesen« für mein Buch zur Verfügung zu stellen. | Mein großer Dank geht auch an Christoph Promberger für sein Gastkapitel und an Staatssekretär Jochen Flasbarth für das Interview. | Dem NABU, Naturschutzbund Deutschland e.V., danke ich für die Bereitstellung der FAQs und Grafiken – mein großer Respekt für Eure Arbeit, mit der Ihr seit Jahren den Vorurteilen und Ängsten mit Sachlichkeit und konstruktiven Lösungsvorschlägen begegnet! | Danke meinen indigenen Freunden und dem Great Spirit/dem Großen Geist! | Möge das Buch seinen Weg finden und viele Leser! | Mit freundlichen Grüßen!

IMPRESSUM

Verantwortlich: Joachim Hellmuth
Konzept und Idee: Andreas Hoppe
Korrektorat: Juliane Braun, Barbara Rusch
Satz: Akademischer Verlagsservice Gunnar Musan
Umschlaggestaltung: Helene Schumacher
Herstellung: Bettina Schippel
Repro: LUDWIG:media
Printed in Slovenia by Florjancic Tisk

Textnachweis: Für die freundliche Genehmigung zum Abdruck bedankt sich der Verlag bei Pater Ludger Ägidius Schulte (S. 140–147). Trotz intensiver Bemühungen ist es nicht gelungen, den Künstler Richard Shorty (S. 29) und die Autorin Rene Askins »Der Ruf der Wolfsfrau« (S. 21) zu kontaktieren. Bitte wenden Sie sich an den Verlag.

Bildnachweis: Cover: Wiebke Loeper (oben), Thomas Henning (unten) | Rückseite: Thomas Henning | Vorsatz: Ein Rabe scannt das Gelände im Birkenhain der Schorfheide. | Nachsatz: Der Rabe im Birkenhain in der Schorfheide verlässt mit uns seinen Ausguck. Fotos : Wiebke Loeper | Seite 190: Kurze Pause vor dem Schaukasten mit Wolfsskelett im Wolfsinfocenter Schorfheide. Was für ein lehrreicher Rundgang! Foto: Wiebke Loeper

Die Deutsche Nationalbibliothek verzeichnet diese Publikation in der Deutschen Nationalbibliografie; detaillierte bibliografische Daten sind im Internet über http://dnb.d-nb.de abrufbar.

ISBN 978-3-95416-299-4